绿植风格墙

Stylish Vertical Gardens

用板植打造壁面花园

板植 × 垂直空间
为墙壁添上绿色的外衣

花草游戏编辑部
苔哥 著

U0232604

长江出版传媒　湖北科学技术出版社

自 序

　　我在台北市从事苔藓生态瓶的设计与教学工作，多年来，接触了众多客户，有很多不同的感触。

　　最开始，对植物感兴趣的人以退休人士或家庭主妇居多，但近年来，越来越多的上班族也开始爱上与植物打交道。深入沟通后，我发现很多人开始接触植物的起因都是植物好像有疗愈、解压的能力，看着它们一点点长大就可以暂时忘却生活和工作上的压力。这股想要亲近植物的风潮似乎正在年轻人中兴起，种植植物不再只是退休或是闲暇人士的专属娱乐了！

　　在家庭园艺领域中，植物的种植方式从早期的盆栽、水培，到这几年的无土栽培，一直在不断发展。当然，每种方式各有其优缺点，也都蕴含着不同的乐趣与学问。在这本书中我将带大家认识另一种非常适合在居家或办公环境中栽培植物的方式——板植。以前，兰花是最常用于板植的植物，近年来随着鹿角蕨的流行和绿植墙的兴起，板植的形式也逐渐展现出其特有的魅力。一株株植物通过背景板挂满整个墙面，令人眼前一亮的同时，也让我们得以从一个崭新的角度，重新认识身边的植物。

▲ 冰冷的墙面上，装饰的物品多是挂画、相片或时钟，何不来点植物增加生气？

▲ 家居空间中，植物难道只能放在桌上、地上吗？墙上也来一株生机盎然的植物，让空间更有律动感，像是会呼吸一般！

◀ 如果水平空间有限，无法过多放置心爱的植物，不妨把心思转移到墙上。

3

虽说板植不难，能够板植的植物也非常多，但如此值得推崇的种植方式，竟然少有可以参考的书籍。于是我开始大量整理资料，研究哪些植物适合板植、如何挑选耐用的板材、用什么质地的线材固定植物最好，以及后续的护理技巧，希望将自己板植的心得通过这本书与大家分享。本书收录了一些常见且容易购买的植物，把它们分为5种类型逐一介绍，一步步教你如何通过板植打造如艺术品一般的绿植风格墙，其中将鹿角蕨单独归为一类作详细讲解。在学习板植的过程中，你可以与植物深入对话。完成板植后，还能用它们装饰自己的居室和办公场所，为空间添加几分艺术感。

这几年，利用板植形式装点墙面的案例越来越多，我挑选了14个收录于本书中，通过文字和精美的图片分享设计者打造绿植墙的过程和心得，希望这些案例能为你带来更多创意和灵感。

苔哥

▲ 干净清爽、易于护理是板植最大的优点。你不用猜测植物何时需要浇水，只需用手轻轻触碰外层的水苔，确保水苔微微湿润即可。

▲ 背景板可以根据不同的装修风格进行选择和设计。

▲ 墙上的挂画配上板植的植物，竟如此合拍。

▲ 窗边的一个小角落，板植植物的加入让这里的氛围变得不一样了。

目录

Chapter 1

制作材料与工具

Chapter 2

一起来玩板植吧！

绿植风格墙赏析

Chapter 1

制作材料与工具

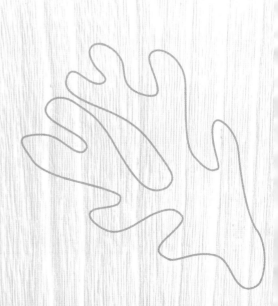

|材|料|介|绍|

　　板植首先要考虑背景板的材质、样式，以及是否需要搭配特定的环境打造某种风格；其次要考虑植物的栽培介质和捆绑用的线材是否易于操作、耐用度如何。接下来会依次介绍这些材料。

板材

栽培介质

捆绑线材

板材

① 松木板或柚木板

这两种板材易于获取，价格也不高，如果直接通过厂家购买，通常还能定制自己需要的尺寸。这两种板材搭配起来很容易，不管什么风格的场所都适用。

② 蛇木板

蛇木板的通风性不错，便于让植物根系攀附其上，不易积水；缺点是长时间使用后容易碎，随着原料的减少，价格也水涨船高。其透水的特性容易让墙面发霉，建议在室外使用。

③ 木栈板

这是我最爱的板材之一。大多数木栈板上会有一些使用过的痕迹，带有一种工业风或是复古的感觉，但其缺点是必须要自己拆除钉子将它裁切至合适的大小。

④ 砧板

砧板容易获取，且制作砧板的木头通常比较耐用耐磨，因此用于板植后，在相当长的时间内不会有破损或发霉的问题，缺点是植物的根系不容易攀附，重量较重。

⑤ 烧烤网

出于对食品安全的考虑，很多烧烤网都是用镀锌铁制造的，用作板材不易生锈，且通风性好，还会给作品带来不一样的感觉。其缺点也是贴墙安置容易让墙面潮湿，建议在室外使用。

⑥ 树皮

树皮是极好搭配的板材之一，作品完成后，看起来会非常自然，还可以模拟蕨类植物的原生环境。其缺点是长时间使用后容易分解，需不定期更换。

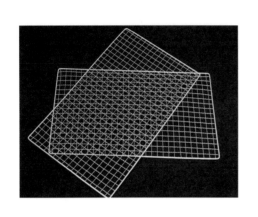

⑦ 其他

还有很多板材，比如竹制蒸笼、淘汰的沉木、原木切片、木箱等都可以通过各种渠道回收再利用，发挥创意，打造独具特色的板植作品。

栽培介质

水苔

水苔可以吸收比自身重20 ~ 25倍的水分。它有抗菌效果，且便于观察是否需要浇水，因此非常适合作为板植植物的栽培介质。选购时要注意水苔的完整性，若是过于零碎，会影响后续的操作，作品完成后可能会出现掉屑的情况。

· **小贴士** · 为购买的植物脱盆时，如果发现其自带的栽培介质中夹杂着树皮块、椰壳纤维等，建议将它们全部除净后，再以水苔包裹进行板植，以避免这些物质日久腐烂，影响植物生长。

线材

① 钓线

钓线防水性好，韧性强且比较纤细，用它固定植物不会影响作品的整体美观性，非常值得推荐。如果选择的植物比较容易发根，可以在根系成形后将钓线拆除。

② 棉麻线

棉麻线的颜色多样，可选择性多，米色、咖啡色的棉麻线比较容易隐藏，能让最终作品相对美观。其缺点是容易受潮分解，但分解后会自然脱落，成品会更加自然好看。

|其|他|工|具|

① 钉子

　　对植物进行板植时，如果不希望捆绑在外的线材过于明显，可以用钉子来辅助，从而巧妙地将线材隐藏不外露。不过因为植物经常需要浇水，建议选用镀锌的钉子，避免其因生锈而影响美观及植物的生长。

② 电钻

　　对植物进行板植时，很多时候都会用电钻钻洞，钻头的尺寸不需要太大，只需准备几个直径3.0mm以下的就够了。

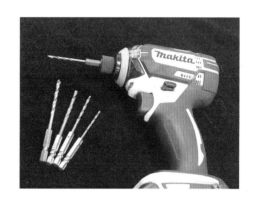

③ 铝线

　　铝线是板植常用的工具。它容易塑形，便于固定植物，而且不易生锈，还能做成漂亮的吊环。

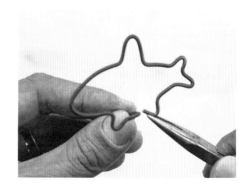

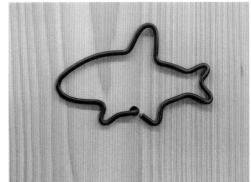

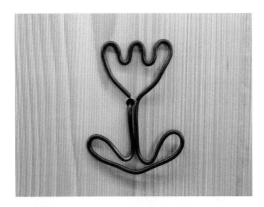

试着用铝线制作造型各异的吊环吧!

4 螺丝刀

板植时可以用螺丝固定水苔和吊环，因此螺丝刀是必备的工具。

5 锯子

锯子通常用来调整木板长度，或是为板材修形，使用起来比较方便。

6 喷灯

如果想试着打造出工业风或是乡村风，可以用喷灯将木板的纹路烤黑。非常简单的操作就会带来截然不同的视觉效果。

· **小贴士** · 喷灯会产生明火，切记将其放在孩子接触不到的地方。建议在室外使用，并准备好灭火器材，以防万一。

Chapter 2

一起来玩板植吧！

Platycerium

鹿 | 角 | 蕨 |

鹿角蕨简介

鹿角蕨近年来非常流行，主要产自热带及亚热带地区。它的姿态别致，叶两列，二型，外观差异很大。孢子叶向前或向下延伸分叉，外观似鹿角，孢子囊散生于主裂片第一次分叉的凹缺处以下，孢子呈绿色；营养叶向上或向两侧生长，具有贮存养料和水分的功能。

为什么适合板植？

1. 鹿角蕨是附生植物，将其进行板植，并悬挂于墙上，生长姿态与原生姿态相仿。

2. 吊挂的方式有利于鹿角蕨的孢子叶生长，使其不易因积水而损伤。

二歧鹿角蕨 × 松木板

说到板植的代表性植物，

最先想到的一定是清新雅致的鹿角蕨，

咖啡店的门口、书店的窗边……很多地方都有它的身影，

其独特的姿态总能让人驻足观赏许久。

LET'S DO IT!

二歧鹿角蕨

选取植株时，栽种在1加仑花盆里的二歧鹿角蕨是不错的选择。这个大小的鹿角蕨一方面根系比较发达，叶形比较明显；另一方面芽点较大，除了板植时便于分辨方向外，生长速度也会比小苗更快。二歧鹿角蕨为多种鹿角蕨杂交而成的品种，具有体质良好、容易驯化且容错率高的特性，非常适合第一次尝试板植的新手。

松木板

★ **可依需求定制合适的尺寸**

★ **2cm厚的更耐用**

鹿角蕨后期的生长速度会逐渐加快，所以板材尺寸不宜太小，避免短时间内又要再次换板，徒增困扰。1株栽种在1加仑花盆里的鹿角蕨所需的板材大约是15cm×25cm的，这个尺寸的背景板最少能让鹿角蕨安稳地生长2年左右。松木板价格低廉，易于购买，还能定制尺寸。如果鹿角蕨株型较大，建议使用厚2cm左右的板材进行操作。

材料准备

● 二歧鹿角蕨1株
● 水苔
● 松木板1块
● 直径0.2mm的钓线
● 直径2.5mm的铝线
● 电钻

■ 二歧鹿角蕨和其他鹿角蕨相比，对水的需求量较大，为了避免线材降解，建议使用直径0.2mm的钓线来固定植物，这样既牢固又美观。

■ 考虑到鹿角蕨长大后重量不轻，吊环可选用直径2.5mm的铝线来制作。

制作步骤

① 为鹿角蕨脱盆，清除其自带介质中除了水苔以外的东西。为了保持植株根系完好无损，清理泥土时，请务必小心。

② 将植物放在板子上，用浸湿的水苔，将植株根部包裹住并压实，使其尽可能呈球状。如此一来，当鹿角蕨的营养叶逐渐生长并包覆住水苔时，整个作品会显得完整、美观。

③ 用钓线按8字形来回缠绕，将包裹着植株根部的水苔固定在板子上，确保植株不会掉落。

④ 用电钻在木板上部适当位置钻出一个直径约2.5mm的孔。

⑤ 将铝线穿过木板上部的孔，并弯折成吊环。

⑥ 完成。

二歧鹿角蕨

拉丁名
Platycerium bifurcatum

生长温度
15 ~ 30℃

光照需求
半日照

湿度需求
🌢🌢🌢

鹿角蕨原生于热带及亚热带地区，是鹿角蕨科附生植物，相对而言更适合中国南部地区的气候环境，而二歧鹿角蕨则是其中栽培历史最久，也最常见的品种，在世界各地广为栽培。以二歧鹿角蕨作为板植的对象，不用太过担心浇水过多伤及植株的叶片，非常适合新手。

▶ **1.**营养叶；**2.**孢子叶；
3.新叶会从中心长出来，颜色较淡。

·养护秘诀·

二歧鹿角蕨喜欢没有阳光直射且通风良好的地方。虽然它对潮湿环境的耐受性不错，但水苔若长期处于湿润状态，也有可能导致植株根部腐烂。可用手触摸水苔，感到水苔干燥时再浇水。可直接用水壶浇淋水苔，待介质都已湿润后停止浇水。冬季植物会进入休眠状态，此时可减少浇水频率，大概一周浇一次水即可。

亚皇鹿角蕨 × 蛇木板

亚皇鹿角蕨极具个性美，叶片常绿，
兼具亚洲猴脑鹿角蕨和皇冠鹿角蕨的特色。
这个品种不喜欢闷湿的环境，而蛇木板的通风性好，
二者搭配在一起可谓完美合拍。

LET'S DO IT!

亚皇鹿角蕨

　　市面上的亚皇鹿角蕨大多是人工培育的，植株状态比野生的稳定，也更容易养护。如果是在较为湿热的环境中栽种，建议挑选品质较好、株型较大的植株进行板植。选购栽种在1加仑花盆中的亚皇鹿角蕨时，要检查叶片有无干枯或损伤的情况，并用手触摸叶脉确认其硬挺且不会过于干瘪。一番检查下来，状态良好的植株就可以用来板植了。

蛇木板

★ **细密且不易破碎**

★ **厚质更耐用**

　　一般要挑选比植物更大的蛇木板来操作，为植物预留成长空间。在为鹿角蕨板植时，建议选用压制得紧实细密一点的蛇木板。虽说这样会使鹿角蕨难以靠自己的根系附着在板材上，但因进行板植时，植株和板材之间已铺上一层厚厚的水苔，植株的根部要长到板材上本就需要很长一段时间，细密紧实一点的蛇木板使用年限比较久，不容易分解破碎。尺寸与厚度会影响蛇木板的价格，但厚一些的板材更为耐用。

材料准备	● 亚皇鹿角蕨1株
	● 水苔
	● 蛇木板1块
	● 电钻
	● 直径3.0mm的铝线
	● 直径0.3mm的钓线

■ 考虑到鹿角蕨的重量会逐渐增加，建议选择较粗的铝线和钓线制作吊环和捆绑植株。

■ 在这个案例中，我们挑选尺寸为30cm×40cm，厚度近3cm的蛇木板来操作。

制作步骤

① 清除植株自带的介质中多余的部分，只保留水苔。清理介质时要务必小心不要损伤根系。

② 用电钻在蛇木板宽边的三等分处钻2个孔，由于准备的是直径3.0mm的铝线，所以孔径也须有3.0mm。

③ 将铝线两端分别穿过2个孔后，弯折做成吊环。

④ 将钓线在板材中间缠绕1圈打死结固定。

⑤ 鹿角蕨的孢子叶是向下垂坠生长的，因此要将亚皇鹿角蕨放在板材中上部。

⑥ 将水苔浸湿，填塞到植株营养叶下面，包裹住根部，并将营养叶撑起来。亚皇鹿角蕨的成株营养叶会变得非常大，因此最开始就要将水苔堆至约5cm高。

7 将填塞的水苔塑造成半球状，随着鹿角蕨的生长，营养叶会慢慢将水苔包覆住，显得越发圆润可爱。

8 用钓线按之字形缠绕水苔和板材数圈，直到板材直立时，水苔不会掉落为止。这个过程中要避免线材压迫或损伤营养叶。

⑨ 缠绕完毕后，即可将钓线剪断，留取的线头不必太长。

⑩ 将线头与用于固定水苔的线段打结，把线头塞入水苔中隐藏起来。

⑪ 完成。

亚皇鹿角蕨

拉丁名
*Platycerium ridleyi ×
coronarium*
生长温度
15 ～ 30℃
光照需求
半日照
湿度需求

亚皇鹿角蕨是亚洲猴脑鹿角蕨和皇冠鹿角蕨的杂交品种。它的营养叶与亚洲猴脑鹿角蕨一样有明显的纹路，孢子叶又像皇冠鹿角蕨一样多分叉、飘逸且略微卷曲，因此广受喜爱。

随着人工培育规模增大，亚皇鹿角蕨的价钱也日渐亲民。它适合栽种于通风且没有阳光直射的地方。注意一定要等水苔干了再浇水，只要养护得当便可轻松欣赏到两种不同鹿角蕨的美。

▲ 亚洲猴脑鹿角蕨。
▶ 皇冠鹿角蕨。

· 养护秘诀 ·

亚皇鹿角蕨保留了亚洲猴脑鹿角蕨及皇冠鹿角蕨的特色，它不太怕高温，但不喜欢阳光直射及湿度过高的生长环境，建议挂在室内通风且有散射光的墙面。

三角鹿角蕨 × 竹蒸笼

三角鹿角蕨与竹蒸笼的搭配，
创意十足又带点儿俏皮。
三角鹿角蕨的特色是营养叶宽大且左右对称，
下垂孢子叶则显得短、宽，形态非常独特，
圆形蒸笼正好与其可爱的形态相呼应！

LET'S DO IT!

三角鹿角蕨

三角鹿角蕨容易生出侧芽，板植时需要对侧芽进行分割。这对于初次尝试板植的人来说有一定的难度，因此选购时建议挑选无侧芽、叶片无损伤且比较硬挺的植株来进行板植。

竹蒸笼

★ **透气性好**

★ **耐湿耐用**

竹蒸笼的尺寸有大有小，从盛放港式点心的小蒸笼到大批量蒸制包子、馒头的大蒸笼，应有尽有。竹蒸笼最大的好处是通风性绝佳、耐湿热，而且易于取得。可依照植株大小进行选择，形状以圆形为主，若想营造不同风格，也可试着寻找方形等其他形状的蒸笼。这个案例中选用的是种植在口径约13cm的花盆中的三角鹿角蕨，以及高6cm、直径12cm的竹蒸笼来进行板植。

材料准备	◉ 三角鹿角蕨1株
	◉ 水苔
	◉ 直径2.5mm的铝线
	◉ 直径0.2mm的钓线
	◉ 电钻

■ 考虑到三角鹿角蕨的需水量大、生长速度快，建议使用较粗的铝线制作。

■ 直径0.2mm的钓线，很适合用于固定植株和竹蒸笼。

制作步骤

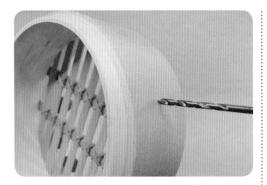

① 在蒸笼外缘中部用电钻钻2个直径2.5mm的孔。

② 2个孔间距3～5cm。

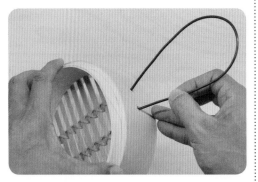

③ 将铝线两端分别穿入2个孔中制作吊环。

④ 在蒸笼外缘上方钻6个直径1.0mm的小洞，相邻的小洞间距相同。

⑤ 将鹿角蕨放入蒸笼，再将提前浸湿的水苔填塞至鹿角蕨的营养叶和蒸笼之间，直至植株完全固定。

⑥ 以直径0.2mm的钓线穿过步骤④钻的小洞，来回缠绕以固定植株。

7 按六角星的图案来回缠绕线材，直到竹蒸笼竖立时，鹿角蕨和水苔不会掉落为止。

8 完成。

三角鹿角蕨

拉丁名
Platycerium stemmaria

生长温度
15 ~ 30℃

光照需求
半日照、散射光

湿度需求
💧💧💧💧💧

　　三角鹿角蕨是来自非洲的多芽型鹿角蕨，营养叶高大，孢子叶有V字形裂口。它和其他鹿角蕨最大的不同是，它喜欢潮湿且略阴的环境，所以栽培于较为阴湿的环境中或室内有散射光的地方为佳。它对湿度的要求很高，平时要记得多给它浇水。

女王鹿角蕨 × 松木板

入门级的鹿角蕨品种，新手也能轻松驾驭。

女王鹿角蕨夏季生长速度快，冬季耐低温，

用最简单的松木板搭配可以更好地彰显它的风采。

LET'S DO IT!

植物
PLANT
挑选

女王鹿角蕨

市面上的女王鹿角蕨大多栽种在口径13cm以上的花盆中。初学者可以先选用小一点的苗进行尝试，小苗重量较轻，易于脱盆及捆绑。除此之外，目前售卖的鹿角蕨以盆栽的居多，营养叶容易积水，建议尽量选择叶片没有受损的植株来操作。

板材
BOARD
挑选

松木板

★ **可根据需求定制尺寸**

★ **厚2cm的较耐用**

由于女王鹿角蕨属于大型鹿角蕨，因此在板材的选择上建议挑选尺寸较大的松木板来操作。因为植株株型较大，板植的成品大多会挂在室外，所以挑选较厚的板材可以避免其因日晒雨淋而过快裂开。这个案例中选用的是种植在口径13cm左右的花盆中的女王鹿角蕨，板材则选择了厚2cm、尺寸为15cm×34cm的松木板。

材料准备

● 女王鹿角蕨1株
● 水苔
● 松木板1块
● 直径2.5mm的铝线
● 直径0.3mm的钓线
● 电钻

■ 由于女王鹿角蕨日后会长得很大，建议选择直径2.5mm的铝线做吊环，将直径0.3mm的钓线用于捆绑。

制作步骤

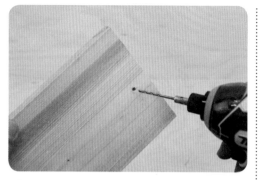

① 在松木板上方正中间钻1个直径2.5mm的孔备用。

② 为女王鹿角蕨脱盆。

③ 去除植株自带的培养土中除了水苔以外的所有介质，注意不要损伤鹿角蕨的根系。

④ 将女王鹿角蕨置于松木板上，用水苔包裹植株根部，尽可能让其外观显得圆润。这样一来，日后营养叶生长并覆盖水苔时，会较为美观。

⑤ 用钓线将包裹着植物根部的水苔捆绑固定在松木板上，并将多余的线头塞入水苔中。

⑥ 将铝线穿入钻好的孔中，做成吊环。

女王鹿角蕨

拉丁名
Platycerium wandae
生长温度
15 ~ 30℃
光照需求
半日照、散射光
湿度需求
🌢🌢🌢🌢🌢

　　女王鹿角蕨在鹿角蕨家族中属于株型较大的品种，幼株靠近芽点中心的营养叶叶缘呈锯齿状，营养叶长大后高耸直立，边缘呈美丽的波浪状，叶片最大能长到2m长。

　　由于价格不贵，且生长速度快，女王鹿角蕨和二歧鹿角蕨一样，广受植物爱好者的喜爱。如果想在短时间内收获一大株鹿角蕨，那么女王鹿角蕨是非常适合的品种。

▲ 用龟甲网木框作为女王鹿角蕨的板材。水苔被塑成倒锥形，非常好看。

· **养护秘诀** ·

　　女王鹿角蕨适合挂在室外没有阳光直射的墙面上，或是室内有散射光的窗边。以手触摸水苔，确定其干透后，将整板植株拿到水龙头下淋湿，确保水苔完全湿润且不再滴水后，将其挂回原处。

女王鹿角蕨 × 圆形簸箕

女王鹿角蕨较为高大，
生长速度快，叶片最长可达2m。
尝试用圆形簸箕搭配女王鹿角蕨，
打造颠覆传统的视觉效果！

LET'S DO IT!

植物
PLANT
挑选

女王鹿角蕨

对女王鹿角蕨进行板植前，要先确定预留给它的成长空间是否足够。这次选择的板材为圆形簸箕，其尺寸较大，适合挑选同样株型较大的女王鹿角蕨来搭配。

板材
BOARD
挑选

簸箕

★ **韧性好且耐用**

★ **适合大型鹿角蕨**

簸箕以竹篾编织而成，韧性强、耐潮湿，不会在短时间内降解，再加上易于购买、价格便宜、尺寸选择性多，非常适合用于板植。

这个案例中选择了株型较大的女王鹿角蕨和直径约60cm的圆形簸箕用于板植。

材料准备

● 女王鹿角蕨1株
● 簸箕1个
● 水苔
● 直径2.5mm的铝线
● 直径0.2mm的钓线

■ 编织簸箕的竹篾间隙较小，以直径0.2mm的钓线用于穿洞、捆绑更方便。

制作步骤

① 为女王鹿角蕨脱盆。

② 去除植株自带的培养土中除了水苔以外的介质。

③ 将女王鹿角蕨放到簸箕正中间，用浸湿的水苔包裹鹿角蕨的根部，并尽可能地将水苔塑成球状。

④ 将钓线按六角星的图案来回缠绕捆绑水苔，确保水苔被固定得紧实且不会掉落后打结收尾。

⑤ 用铝线在簸箕上方做成吊环后就制作完成了。

其他推荐

1

象耳鹿角蕨

Platycerium
elephantotis

顾名思义，这种鹿角蕨的叶片很像大象的耳朵，其营养叶和孢子叶呈扇形或长椭圆形，且都不会分叉。成株株型较大，不喜闷热、不通风的环境，畏寒，价格偏高。

► 两株象耳鹿角蕨悬空而挂，与后方的小型鹿角蕨产生对比，使空间更具层次感。

2

立叶鹿角蕨（银鹿鹿角蕨）

Platycerium veitchii

　　原产于澳大利亚的立叶鹿角蕨叶面上带有银白色纤毛，这些毛可以帮助植物在干燥且日照强烈的环境中汲取空气中的水分，减少强光带来的伤害。小苗可以多浇些水，成株耐旱性好，非常适合初学者。

▲ 铁丝网与杉木板组成的背景板散发着工业风。

3

爪哇鹿角蕨

Platycerium willinckii

原产于印度尼西亚爪哇岛，孢子叶轻盈飘逸，叶长可达2m，叶背密布白色短茸毛。爪哇鹿角蕨近几年颇为流行。它是多芽型鹿角蕨，很容易生出新的芽点，如不分株，可以长成超大的多头鹿角蕨。

4

三角象鹿角蕨

Platycerium elemaria

　　承袭了象耳鹿角蕨的特点，孢子叶左右各一片，宽大下垂如象耳。它与象耳鹿角蕨的差别在于其叶片上的白毛较多，叶脉隆起程度则介于三角鹿角蕨和象耳鹿角蕨之间。三角象鹿角蕨属于生长快速的品种。

5

壮丽鹿角蕨

Platycerium grande

　　原产于菲律宾、马来西亚，仅以孢子繁殖。它和女王鹿角蕨外观非常相似，但叶片上纤毛更多，叶片本身也更硬挺，生长速度相对缓慢。壮丽鹿角蕨属于大型品种，价格适中。

6

何其美鹿角蕨

Platycerium holttumii

　　被喻为最美的鹿角蕨，营养叶、孢子叶呈现出来的比例最好，叶片厚实，属于大中型鹿角蕨。它生长速度缓慢，价格适中。

7

爪银鹿角蕨（立叶鹿角蕨×爪哇鹿角蕨）

Platycerium pewchan

　　既拥有立叶鹿角蕨带银白色纤毛的叶片，又继承了爪哇鹿角蕨飘逸的孢子叶。这个品种在市面上较为少见，魅力十足，但价格较高。

Pteridophyta

蕨 类 植 物

蕨类植物简介

这类植物广泛分布于世界各地，尤以热带、亚热带地区品种繁多，喜欢温暖又潮湿的环境。许多研究表明多种蕨类植物都有净化空气的作用。蕨类植物耐阴、耐湿，适合放置在室内美化家居空间，只要有足够的水分补给，就能安然生长。

为什么适合板植？

1. 蕨类植物的枝叶四散垂坠，特别适合板植或制成吊篮。

2. 中国大部分地区（尤其是南方）的室内环境都比较适合蕨类植物的生长，因此它是美化居室的绝佳选择。

铁线蕨 × 树皮

铁线蕨叶片呈心形，纤细的茎干随风摇曳，
藏身在凹凸不平的树皮中，
形成了对比强烈又独具魅力的画面，
让人不禁驻足，久久不舍离开。

植物
PLANT
挑选

铁线蕨

购买铁线蕨时，应挑选茎叶茂密、叶色浓郁的植株，并观察介质是否为潮湿状态。切勿挑选介质已经非常干燥或已脱盆的植株，这样的植株通常根系有缺水的可能性，会影响植株的状态。

板材
BOARD
挑选

树皮

★ **厚重、耐用**

★ **以裂痕少的为佳**

用树皮搭配铁线蕨时，建议挑选较厚实的使用。铁线蕨对湿度的要求很高，厚度不少于1cm的树皮不会在短时间内因受潮而减短使用寿命。

此外，建议挑选裂痕较少、重量较重，且质地较硬的树皮，高度可以选择20cm以上的。这样一来，日后铁线蕨长大后二者的比例会显得更为协调。

材料准备

- 铁线蕨1株
- 树皮1块
- 水苔
- 咖啡色麻绳
- 直径2.0mm的铝线
- 剪刀
- 镊子
- 电钻

■ 铁线蕨的重量较轻，使用相对细一点的铝线，更易于操作和塑形。

■ 麻绳颜色比较接近树皮和水苔，会让作品显得更自然。

制作步骤

① 在树皮上钻一个直径约2.0mm的孔。

② 为铁线蕨脱盆，检查植株自带的介质是否有空隙或者干硬的现象。如果有，可用培养土进行填充或替换。

③ 用浸湿的水苔包裹铁线蕨的栽培介质并塑成球状。用麻绳捆绑水苔至水苔不会掉落。

④ 将包裹着水苔的铁线蕨置入树皮中，用麻绳捆绑固定。

⑤ 打结后，用镊子将多余的线头塞入水苔中隐藏起来。

⑥ 用铝线穿入步骤①中钻的小孔并做成吊环，作品就完成了。

铁线蕨

拉丁名
Adiantum capillus-veneris

生长温度
15 ～ 30℃

光照需求
半日照、散射光

湿度需求
🌢🌢🌢🌢🌢

铁线蕨的根状茎细长横走，叶片精致，纤细的叶轴呈栗黑色，有"维纳斯的头发"之称。叶柄与叶轴同色，长5 ～ 25cm，柔韧性极佳；叶为羽状复叶，长12 ～ 25cm，自然垂坠；孢子囊群横生于能育的末回小羽片上缘，着生后叶缘会反卷以保护孢子囊群。

铁线蕨常见于潮湿的岩壁、石缝中，其茎坚韧、有光泽，像极了铁丝，故被称为铁线蕨。它的叶片形状和随风摇曳的姿态都非常迷人，因此深受广大花友的喜爱。

▲ 湿度高的岩壁、石缝中常可见到野生的铁线蕨。

▲ 铁线蕨在花市中较为常见，各种大小的都有。

▲ 铁线蕨与松木板搭配。

·养护秘诀·

铁线蕨可置于室内有散射光的环境中，但必须经常为其补水，避免栽培介质或是叶面过于干燥，否则铁线蕨会因环境过于干燥而变得虚弱。

兔脚蕨（骨碎补）× 松木板

兔脚蕨恣意奔放的姿态，
搭配如同空白画布的松木板，
形成一幅自然又充满意趣的画作。

LET'S DO IT!

植物
PLANT
挑选

兔脚蕨

　　市面上销售的兔脚蕨多种多样，有的已经依附在其他物体上生长了，但这种兔脚蕨不易获取，价格也高。新手建议从栽种在口径10cm的花盆中的平价小苗开始。兔脚蕨缺水时，叶脉会断裂。因此，挑选时要先晃动盆栽看植株是否有茎叶掉落的情况，再用手触摸栽培介质，确保其处于湿润状态，这样的植株会比较健康。

板材
BOARD
挑选

松木板
★ 长条形更易搭配

　　由于兔脚蕨喜欢高湿环境，因此，在板材的选择上，建议选用松木板。松木板使用寿命较长，易于获取，也不会因过于通风导致植株的栽培介质干得太快。兔脚蕨纵向生长的速度较快，长条形的木板更为合适。这个案例中选用的是种在口径10cm的花盆中的兔脚蕨小苗，以及尺寸为10cm×25cm、厚1.5cm的松木板。

材料准备

● 兔脚蕨1株
● 松木板1块
● 水苔
● 直径0.2mm的钓线
● 直径2.5mm的铝线
● 镊子
● 剪刀
● 电钻

■ 兔脚蕨的栽培介质需长期处于湿润状态，因此钓线比麻绳更合适。

■ 由于成品不太重，用直径2.5mm的铝线做吊环就足以支撑了。

制作步骤

① 在木板上方钻1个孔，孔径可以为2.5mm或稍大一些。

② 为兔脚蕨脱盆，尽可能保留盆中介质，但如果有空隙，也可以另外用培养土填充。

③ 将水苔浸湿后包裹于介质外部，尽可能将其塑成球状，并确保介质不会外露。

④ 用钓线缠绕水苔，直到水苔不会掉落为止，完成后不要把线剪断。

⑤ 将包裹着植株介质的水苔捆绑固定于木板上，预留约5cm长的线头后剪断。

⑥ 用镊子将预留的线头打结固定，再将多余的线头塞入水苔中即可完成。

兔脚蕨

拉丁名
*Davallia
trichomanoides*
生长温度
15 ~ 30℃
光照需求
半日照、散射光
湿度需求
🌢🌢🌢🌢🌢

兔脚蕨又称骨碎补，在中国、日本、韩国等国都很常见。在野外，兔脚蕨会利用根状茎攀附在树干或石头上生长，观赏价值很高，根状茎外密被白色茸毛，像极了兔子的脚，故名兔脚蕨。兔脚蕨不需要太多的直射日光，对养分的需求也不大，非常适合室内环境。

▲ 用兔脚蕨和木框进行板植，艺术感十足。

◀ 兔脚蕨不断生长的根状茎十分抢眼，也很适合以吊盆栽种。

·养护秘诀·

兔脚蕨的叶片只有在高湿度的环境中才不容易干枯或者产生叶脉断裂的情况。养护时，应避免将其放置在有阳光直射且非常通风的地方，除了要让栽培介质与水苔保持潮湿外，还要经常对其叶面喷水，每天最少一次。

波士顿蕨 × 树皮

波士顿蕨青翠的叶色带来一丝清爽感。

直立四散的茎叶，加上略显丰满的水苔，

让它看上去如同一颗菠萝，挂在墙上的样子显得憨态可掬。

LET'S DO IT!

波士顿蕨

近年来，很多城市雾霾都相当严重，据说有净化空气功能的波士顿蕨受到越来越多的人的青睐。波士顿蕨的株型有大有小，大型波士顿蕨叶长可超过90cm，如果养护空间有限，建议用迷你波士顿蕨来进行板植。摇晃时不会掉叶，而且介质湿润的植株会比较健康。

树皮

★ **厚重的更耐用**

★ **以裂痕少的为佳**

如果选择了较小的波士顿蕨，约25cm长的树皮就可以搭配了。如果想用株型较大的波士顿蕨进行板植，就需要选择高度超过30cm且宽度大于植株宽度的树皮。尽可能选择较厚的树皮，以延长其使用时间。

材料准备	● 波士顿蕨1株 ● 树皮1块 ● 水苔 ● 直径0.2mm的钓线 ● 直径2.0mm的铝线 ● 电钻

■ 由于介质要长时间处于湿润状态，因此使用钓线捆绑更为合适。

■ 成品不重，使用直径2.0mm的铝线已经足够支撑。

制作步骤

① 在树皮上端钻1个直径2.0mm的孔。

② 轻压花盆，为波士顿蕨脱盆，并尽量保留其自带的栽培介质。

③ 用浸湿的水苔包裹栽培介质。

④ 用钓线捆绑水苔，直到水苔不会掉落为止。

⑤ 将植株与木板捆绑在一起固定。

⑥ 用铝线穿过步骤①钻的孔，并做成吊环。

波士顿蕨

拉丁名
Nephrolepis exaltata var. bostoniens

生长温度
15 ~ 30℃

光照需求
半日照、散射光

湿度需求
🌢🌢🌢🌢🌢

波士顿蕨原产于热带地区高大的树上和潮湿的背阴处，其孢子囊状如肾脏，羽状复叶的叶面光滑而无毛，叶柄布满褐色毛状鳞片，孢子囊就位于羽片两缘的细脉尖端。最特别的是，波士顿蕨除了直立茎之外，还会生出匍匐茎，匍匐茎向四方散开，遇到合适环境就会长出丛生新芽。

▲ 波士顿蕨盆栽。

▲ 波士顿蕨搭配松木板。

▲ 密叶波士顿蕨。

·养护秘诀·

春、秋两季须待介质干透后再浇水，夏季是波士顿蕨的生长期，可以适当提高浇水频率。除了灌根外，还要经常给叶丛喷水，以保持新芽的健康与叶片美观。

巢蕨（山苏花）× 松木板

巢蕨属于大型蕨类植物，
在野生环境下，常附生于树干、岩壁。
将巢蕨的小苗固定在松木板上，
朴素之余又带有几分清新感！

LET'S DO IT!

植物
PLANT
挑选

巢蕨

挑选巢蕨时，首先要观察叶丛中间是否有嫩芽生长出来，嫩芽越多代表植株生命力越旺盛。其次要检查老叶，巢蕨的老叶边缘较薄，长时间泡水或受到阳光直射容易对植株造成损伤，最好挑选叶形完整、损伤少的植株来操作。

板材
BOARD
挑选

松木板
★ **厚度较薄且无裂痕的为佳**

巢蕨喜湿，不适合与通透性好的蛇木板等板材搭配，建议使用通透性相对较差的材料，例如松木板。这个案例中用栽种在口径10cm的花盆中的巢蕨小苗搭配尺寸为10cm×25cm的松木板。巢蕨本身不重，松木板只要选用1.5cm厚的就可以了。

材料准备

● 巢蕨1株
● 松木板1块
● 水苔
● 直径0.2mm的钓线
● 直径2.0mm的铝线
● 电钻

制作步骤

① 用电钻在木板上部钻1个直径2.0mm的孔备用。

④ 继续用钓线将植株固定于松木板上。

② 轻轻挤压花盆，小心地为巢蕨脱盆。

⑤ 将铝线穿过小孔，做成吊环。

③ 用水苔包覆巢蕨的栽培介质，再以钓线捆绑，直至水苔不会掉落。

⑥ 完成。

巢蕨

拉丁名
Asplenium nidus
生长温度
15 ～ 30℃
光照需求
半日照、散射光
湿度需求
💧💧💧💧💧

巢蕨，又称山苏花，是铁角蕨科铁角蕨属植物，野生品种成大丛附生于雨林中的树干上或岩石上。它在20 ～ 30 ℃的环境中生长快速，嫩叶可食用。因为其应用价值高，外加非常适合亚洲各地的气候环境，所以在国内广为种植，非常容易购买，也很适合用于板植。

◀ 巢蕨的叶缘呈波浪状，夏季高温下生长迅速，冬季低温时生长缓慢，其栽培介质不可缺水。

· 养护秘诀 ·

巢蕨喜阴湿环境，吊挂的场地有散射光且有一定的通风性即可。要避免水苔因阳光过于强烈或者环境过于通风而干燥得太快。

▲ 巢蕨的小嫩芽外观极似小眼镜蛇。

马尾杉 × 煮面勺＆松木板

马尾杉和煮面勺的组合，
巧妙又让人意想不到，
不论挂在哪个地方，
都让人会心一笑！

马尾杉

马尾杉在市面上并不常见，需要花点心思去寻找。挑选时千万不要买从野外采回来进行驯化的植株，要检查栽培介质，只有介质比较干净的才是人工培育的马尾杉，这种苗更容易养护。此外，还要注意挑选叶片肥厚且枝叶无干枯现象的植株。

板材
BOARD
挑选

煮面勺&松木板

★ 松木板以较薄且无裂痕的为佳

考虑到马尾杉喜欢通风良好的环境，煮面勺可以说是绝佳选择。由于马尾杉生长缓慢，选择尺寸较小的煮面勺即可。

为了方便吊挂，可以先使用松木板固定煮面勺，这样还能防止植株弄脏墙面，但松木板尺寸必须大于煮面勺。

材料准备

- 马尾杉1株
- 煮面勺1把
- 松木板1块
- 水苔
- 直径0.2mm的钓线
- 直径3.0mm的铝线
- 电钻

制作步骤

① 将煮面勺放置在松木板上，在把手上部空隙处钻1个孔。

④ 继续用铝线固定煮面勺的把手下部。

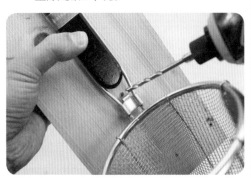

② 在把手下部也钻1个孔。

⑤ 将煮面勺的3/4填满水苔。

③ 用铝线将煮面勺的把手上部与松木板固定在一起。

⑥ 把马尾杉放到水苔上。

(7) 用水苔覆盖马尾杉的栽培介质。

(8) 用钓线将马尾杉固定在煮面勺中，直至水苔不会掉落。

马尾杉

拉丁名
Phlegmariurus phlegmaria
生长温度
15～30℃
光照需求
半日照、散射光
湿度需求
🌢🌢🌢

马尾杉又称垂枝石松，是石松科马尾杉属的蕨类植物。与大多数人印象中的蕨类植物不一样，马尾杉有着流苏状垂坠的茎，相当受欢迎。近年来，野生的马尾杉越来越少见了，而人工培育的品种逐渐增多，它们价格适中，养护起来也比较容易。

马尾杉的茎可达50cm长，在环境适宜的地方甚至可以长得更长。它的叶片短小而密集，让整株植物看上去毛茸茸的，像极了马的尾巴，非常可爱。家中散射光充足的地方很适合吊挂板植的马尾杉，考虑到它的茎会日益变长，将它挂在相对高一些的位置，可以更好地欣赏其优美的线条。养护马尾杉要遵循水苔没干就不浇水的原则，不要让植株长期处于潮湿的环境中，这点和大多数蕨类植物都不一样。

◀马尾杉种类颇多，茎有直立的，有匍匐的等，叶片呈针状或鳞状，浓密地覆盖茎干，颇具观赏价值。

其他推荐

1
槲蕨

Drynaria roosii

槲蕨通常附生于岩石上或树干上，根状茎密被褐色鳞片，基生圆形不育叶，初期为绿色，之后褪变为枯棕色。叶片虽说会变成干枯的模样，但叶形完整不容易破损，有别于一般枯叶的脆弱质地，非常好看。

2
纽扣蕨

Pellaea rotundifolia

纽扣蕨的茎匍匐生长，长10～20cm。叶片近圆形，光滑而富有光泽，远看就像是成排的纽扣，故而得此名。纽扣蕨叶片茂密，对光照和养料的需求不高，但需水量大，尤其是夏季高温时，要特别注意为其补水。养护起来比较容易，适合入门者栽培。

3
瘤蕨

Phynatosorus scolopendria

瘤蕨常见于广东、海南、台湾等地。其肉质的根状茎匍匐生长；叶片多呈深裂的羽状，青翠油亮；孢子囊群分布于裂片中脉两侧，在叶表明显凸起，各部位的观赏性都很高。瘤蕨耐旱性佳，适合栽种于半日照的环境中。

4

欧洲凤尾蕨

Pteris cretica

　　欧洲凤尾蕨种类繁多，原生种常见于墙脚、溪畔等地，园艺种经过改良培育呈现出各种不同的特征，观赏性极佳。欧洲凤尾蕨耐阴、喜湿、不耐旱，新芽应避免受强风吹拂，以免让枝叶受损。

5

卷柏

Selaginella tamariscina

　　卷柏体型娇小，叶片精致可爱，令人爱不释手。它不耐阳光直射，但喜欢明亮的环境。浇水时，应避免将水浇到叶片上，否则叶片容易发霉腐烂。它耐旱性极强，即使遇到长期干旱的情况，只要将它的根部在水中浸泡一会儿，植株就能获得重生。

Tillandsia

|空|气|凤|梨|

空气凤梨简介

空气凤梨是铁兰属植物的别称，属于凤梨科，和我们吃的凤梨是近亲。大多空气凤梨不需要种植在土中，很少招来蚊虫，其叶片上的纤毛可以吸收养分，这几年在世界各国都颇受欢迎。在各种适合板植的植物中，空气凤梨是最易于操作、便于管理的植物之一。

为什么适合板植？

1. 空气凤梨会附着在其他植物或物品上生长，便于管理。

2. 空气凤梨本身造型奇特，挂在墙上观赏性很强。

霸王空气凤梨 × 砧板

霸王空气凤梨是空气凤梨中的大型厚叶品种，
其叶片形态独特，也被称为"法官头"。
固定在砧板上婀娜多姿的霸王空气凤梨，
就像是一道美味的佳肴，等待着人们细细品味。

LET'S DO IT!

植物挑选 PLANT

霸王空气凤梨

霸王空气凤梨在市面上比较常见，植株从小到大应有尽有，但运用于板植时，建议不要选取株型太大的植株，叶长小于30cm的比较容易操作。挑选霸王空气凤梨时，可在大小相近的植株里选择最重的，通常重量重的会比较强壮。由于空气凤梨的根系生长得很慢，板植初期需要捆绑叶片来固定植株，建议找叶片较厚长的植株来操作，这样容错率较高。

板材挑选 BOARD

砧板
★ 以木质的为佳

砧板通常比较厚实，不容易损坏，但由于大多重量较重，在悬挂时吊环可能会支撑不住，建议在购买时选择重量较轻的，价格也相对较低。材质上尽量选取木制砧板，除了较易吸水外，还更利于空气凤梨扎根。

此次使用的植株直径约为30cm，背景板则是厚度约为1.5cm的松木砧板。

材料准备

- 霸王空气凤梨1株
- 砧板1块
- 电钻
- 直径0.2mm的钓线
- 黑笔1支
- 直尺1把

■ 由于空气凤梨生根慢，直径0.2mm的钓线更耐用，且不会因受潮导致植株叶片腐烂。

制作步骤

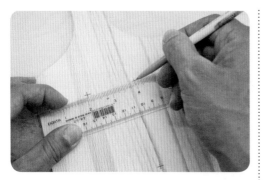

① 因砧板很光滑，以钓线捆绑容易松散，所以要在砧板中间钻孔以便穿线捆绑。先在砧板上标明钻孔的位置。

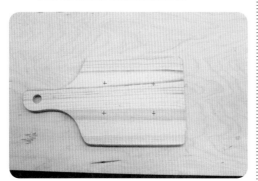

② 钻孔的数量不用太多，如图所示一共标了4个点。

③ 用直径2.0mm的钻头，依标识在砧板上钻4个孔。

④ 确定霸王空气凤梨要摆放的位置。

⑤ 将钓线穿过4个孔位，捆绑空气凤梨的叶片，建议多绑几圈但不要勒太紧，以免造成叶片损伤。

⑥ 捆绑时建议让植株略为朝下垂头，因空气凤梨怕积水，这样可以在平时浇水时让多余的水流出来。最后打结固定即可完成。

霸王空气凤梨

拉丁名
*Tillandsia
xerographica*

生长温度
15～30℃

光照需求
半日照、散射光

湿度需求

霸王空气凤梨是非常受欢迎的品种，因为其形态酷似传统英国法庭上法官所戴的假发，所以也被称为"法官头"。霸王空气凤梨耐旱、耐强光，喜欢干燥高温的环境，在日照充足的环境中，叶片会变成美丽的粉色。此外，其叶片会因为吸水量的不同而呈现不同的姿态，水量多时拉长，水量少时卷曲，这个特性让霸王空气凤梨一直拥有大量粉丝。

▲ 霸王空气凤梨搭配沉木。

▲ 有半日照且通风良好的环境最适合霸王空气凤梨。

·养护秘诀·

霸王空气凤梨喜欢有半日照或是散射光的环境，但务必保证通风良好。虽说霸空气凤梨的叶片会因为缺水而弯曲，由此可以判断浇水的时间，但建议还是一周浇一两次水。浇水时，以其叶片完全湿润，但植株中心没有积水为原则，积水会导致烂心，造成难以挽救的局面。

紫花凤梨 × 松木板

紫花凤梨原产于厄瓜多尔雨林地区，
春、秋季开出大型扁平状花序。
简单的松木板非常适合与它搭配，
将其霸气的花序衬托得越发光彩照人！

LET'S DO IT!

植物 PLANT 挑选

紫花凤梨

紫花凤梨在空气凤梨中属于中大型品种，购买时，尽量挑选株型较大、叶片较多的植株。紫花凤梨的花期相当长，苞片的色彩可维持数月之久，如遇到已经生长出花序的植株就更好了。

板材 BOARD 挑选

松木板

★ 选择薄板即可

由于空气凤梨不用栽种在栽培介质中就能生长，因此松木板不需要挑选太大的。此案例中，考虑到紫花凤梨成株株型较大，挑选了尺寸为14cm×25cm、厚1.5cm的松木板来使用，这让作品看上去更为灵动轻巧。

材料准备

- 紫花凤梨2株
- 松木板1块
- 直径2.5mm的铝线
- 电钻

■ 空气凤梨比较轻，但生根速度非常慢，可以用直径2.5mm的铝线来制作底座固定植株。

制作步骤

① 用电钻在松木板上部钻1个直径2.5mm 的小孔备用。

② 将紫花凤梨放置到木板上，确定大概的 固定位置。

③ 将铝线弯折成螺旋状，固定空气凤梨底 部，确定植株不会掉落。

④ 在确认放置植株的位置再钻2个孔，然 后将固定着空气凤梨的铝线另一头插入 钻好的小孔中固定。

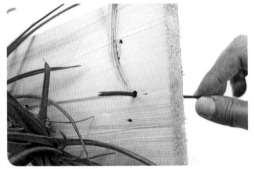

⑤ 另找1根铝线穿入木板上部的孔中制成 吊环。

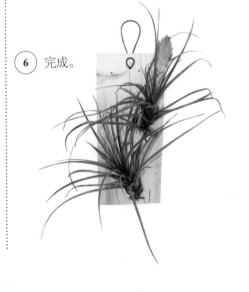

⑥ 完成。

紫花凤梨

拉丁名
Tillandsia cyanea
生长温度
15 ~ 30℃
光照需求
半日照、散射光
湿度需求
💧💧

　　紫花凤梨是少数可以栽种在土壤中的空气凤梨之一。它的花序苞片呈粉紫色，中间会开出蓝紫色的小花，散发出淡淡的香味。这个品种引进中国已经有一段时间了，其价格比较亲民，非常适合用于板植。

▲ 紫花凤梨会开出蓝紫色花朵。

· 养护秘诀 ·

　　紫花凤梨喜欢有半日照或散射光且通风良好的环境。一般来说一周浇两次水，实际浇水频率要根据其所处的环境来调整，但切勿让植株的叶丛中心积水。

空气凤梨'小精灵'×沉木

沉木可吸水，为空气凤梨生根创造了条件。
没有任何东西能像沉木一样与空气凤梨如此合拍！
'小精灵'品种众多，更增添了搜集、赏玩的乐趣。

空气凤梨「小精灵」

'小精灵'是市面上最常见的空气凤梨，挑选时要尽可能寻找有根的植株，便于其日后扎根。另外，株型越大的'小精灵'通常越健壮也越好养活。

沉木
★ 质地厚实的使用寿命长

舍弃重量轻或是质地松散的沉木，选用较厚实的来操作，以免空气凤梨扎根后没多久就得更换板材。这个案例中选用的是在水族馆内常见的用于造景的沉木，它质地硬、使用寿命长，很适合用作板植的背景板。

材料准备	● 空气凤梨'小精灵' 1 株
	● 沉木 1 块
	● 直径 0.2mm 的钓线
	● 直径 2.0mm 的铝线
	● 电钻

■ '小精灵'非常轻，捆绑时用直径 0.2mm 的钓线即可。

■ 由于作品并不会太重，用直径 2.0mm 的铝线制作吊环就够了。

制作步骤

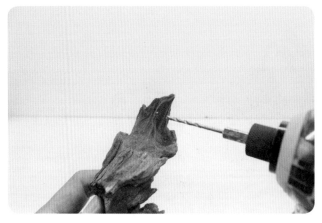

1 在沉木上部适当位置钻1个直径2.0mm的孔备用。

2 用钓线小心地捆绑空气凤梨底部的叶片及根须部分,确定植株不会掉落。

3 用铝线穿过之前钻的孔并做成吊环即可。

空气凤梨'小精灵'

拉丁名
Tillandsia ionantha
生长温度
15 ~ 30℃
光照需求
半日照、散射光
湿度需求
💧💧

空气凤梨'小精灵'是目前国内最常见的空气凤梨品种，它适应力强、耐旱，叶片呈放射状生长，颜色变化大。花期，其叶片的颜色会产生变化，叶丛中心开出的花朵令人惊艳。'小精灵'有许多细分品种，对于品种控来说有无穷乐趣，再加上易于获取、价格便宜，受到越来越多的植物爱好者喜爱，也是空气凤梨中最推荐用于板植的。

▲ 花期将至，'小精灵'的叶片开始变色。

◀ 树干横截木板也很适合做空气凤梨的背景板，看上去非常可爱。挑选木板时，建议不要选厚度小于1cm的，以免钻孔时木材破裂。

· **养护秘诀** ·

'小精灵'喜欢有散射光、通风良好的环境。由于其叶片上纤毛较多，水分散发快，浇水频率可比一般空气凤梨高一些，一周两三次为佳，但要注意保证其叶片和叶丛中心没有积水。

空气凤梨'休斯敦'× 松木板

空气凤梨'休斯敦'搭配简约的松木板，
让人可以更专注于植株的美丽花朵，
哪怕只是远远欣赏，心情也会无比愉悦！

空气凤梨「休斯敦」

空气凤梨'休斯敦'常在春、秋两季日夜温差较大时开花，如果想要欣赏其桃红色的美丽花朵，建议挑选刚生出花苞的植株，如此一来，其观赏期可以拉长许多。除此之外，最好选择叶片较大、较厚实的植株用于板植。

板材
BOARD
挑选

松木板

★ **选用薄板即可**

由于空气凤梨不用栽种在栽培介质中，松木板不需要购买过大的。此案例中选用的是尺寸14cm×25cm、厚1.5cm的木板。

材料准备	●空气凤梨'休斯敦'2株 ●松木板1块 ●直径2.5mm的铝线 ●电钻 ●老虎钳

■ 由于'休斯敦'重量比较轻，但生根速度非常慢，可以用直径2.5mm的铝线来制作底座和吊环。

制作步骤

① 于木板上部钻一个直径2.5mm的小孔备用。

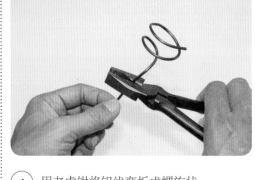

④ 用老虎钳将铝线弯折成螺旋状。

② 先将空气凤梨放置在木板上，确定大概的放置位置。

⑤ 将空气凤梨固定在螺旋状铝线底座中。

③ 在确定的位置上钻2个直径2.5mm的小孔备用。

⑥ 将盛放着空气凤梨的铝线另一头穿过步骤③钻的孔中。

(7) 将铝线底座固定在松木板上。

(8) 用铝线穿过步骤①钻的孔并制成吊环就完成了。

空气凤梨‘休斯敦’ ......

拉丁名
Tillandsia 'Houston'
生长温度
15～30℃
光照需求
半日照、散射光
湿度需求
🌢🌢

空气凤梨‘休斯敦’也比较常见，其外观与空气凤梨‘棉花糖’相似，但株型和花序都更大，叶片表面密被白色茸毛，植株健壮，价格便宜，只要在通风且没有阳光直射的环境中就能长得很好。它的花色鲜艳且花大，也容易分株，非常适合板植。

▲ 在阳光的照射下，‘休斯敦’的叶片熠熠生辉。

·养护秘诀·

一般来说，空气凤梨‘休斯敦’一周要浇两次水，实际浇水频率要根据环境情况来调整，切勿让叶丛中心积水。‘休斯敦’的花期可持续一两个月，花谢后，可尽快将花梗减去，避免养分流失。

其他创意

1

造型独特的容器

用造型独特的容器搭配向下垂坠的松萝凤梨（老人须）。

2

编织网兜

用麻绳、棉绳等编织的网兜也非常适合与空气凤梨搭配。

3

多层吊篮

空气凤梨喜好通风的环境，直接将其放在吊篮中也颇为吸睛。

4

铁笼

直接将多株空气凤梨固定在铁笼的网格上，观赏性很强。

5

原木摆件

除了挂在墙上，空气凤梨也可以与沉木、木质装饰物搭配制成桌面摆件。

Orchidaceae

|兰|花|

兰花简介

　　兰花是兰科植物的通称，在中国有两千余年的栽培历史，被看作高洁、典雅的象征，与梅、竹、菊并称为"花中四君子"。兰花品种众多，花形、花色各异，在世界各地都很受欢迎，而板植也是近年来非常流行的兰花栽培方式。

为什么适合板植?

　　1. 顺应了兰花在野外的生长方式，野趣十足。

　　2. 板植兰花的根系会逐渐爬上背景板，这种自然攀附的姿态很有观赏价值。

天宫石斛（兜唇石斛）× 松木板

天宫石斛的花朵如瀑布一样，向下垂坠绽放，

板植后挂在高处，欣赏价值极高！

一块松木板足以彰显植株的美好，

只待花期到来时收获满眼惊艳。

LET'S DO IT!

植物 PLANT 挑选

天宫石斛

市面上售卖的天宫石斛以小苗为主，挑选时要尽可能地选择茎较长且根系饱满的植株，日后会成长得比较快。如果可以直接买到仅仅以水苔栽培的天宫石斛就更好了，这能为板植提供不少便利。

板材 BOARD 挑选

松木板

★ **厚实的更耐用**

由于天宫石斛根系附着面积比较大，肉质茎垂坠开花，对板材的消耗较大。为了延长板材的使用寿命，建议一开始就使用较厚实的板材。这个案例中会用到4株天宫石斛，板材选用的是尺寸10cm×25cm、厚度超过1.5cm的松木板。

材料准备

- ●天宫石斛4株
- ●松木板1块
- ●水苔
- ●麻绳
- ●电钻
- ●直径2.5mm的铝线

■ 天空石斛的根系生长速度慢，要很长时间才能附着于木板上，考虑到美观性，建议使用麻绳来捆绑，其颜色近似水苔，看上去比较自然。

制作步骤

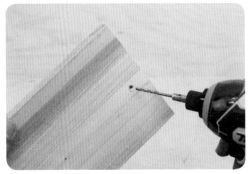

① 用电钻在木板上部钻1个直径2.5mm的孔。

④ 将4株植株高低错开地摆放在木板上，确定其固定的位置。

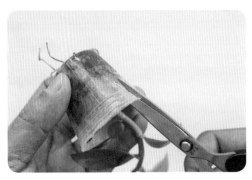

② 小心地为植株脱盆，可用剪刀剪开软盆，尽可能不要破坏植株的根系。

⑤ 用浸湿的水苔包裹植株根部，再用麻绳将植株捆绑于木板上。

③ 将4株天宫石斛一一脱盆后摆好备用。

⑥ 将4株天宫石斛都固定好。

⑦ 用铝线制作吊环即可完成。

天宫石斛

拉丁名
Dendrobium cucullatum
生长温度
15～30℃
光照需求
半日照、散射光
湿度需求
🌢🌢🌢

天宫石斛又称瀑布石斛，它的人气很高，易于购买，价格也相对便宜。春末夏初是天宫石斛的花期，此时，其肉质茎会抽出花序，大量花朵绽放于垂坠的茎干上形成了花的瀑布，惊艳万分。除此之外，天宫石斛非常适合板植，在室内通风良好、光线明亮的地方都可以挂上几株。

▲ 购买天宫石斛尽量找根系饱满的。

·养护秘诀·

天宫石斛的茎可以长得非常长，有的甚至可达2m，因此建议挂在光线明亮的高处。在早晚没有阳光的时候浇水，一周两三次。冬季可以减少浇水频率，这样来年的花量会比较多。

▲ 盛花期，天宫石斛的花量惊人。

西蕾丽蝴蝶兰（银斑蝴蝶兰）× 树皮

固定在树皮上的西蕾丽蝴蝶兰，

不仅开花的时候美，

平时，其叶片的颜色和花纹也足以让人驻足欣赏。

植 物
PLANT
挑 选

西蕾丽蝴蝶兰

　　西蕾丽蝴蝶兰有各种不同的尺寸可选择，如果是用于板植，建议购买栽种在口径13～17cm花盆中的苗来使用。挑选时，以叶片厚实、重量较重的为佳，这样的植株根系发达健壮，日后开花和生根都会更快。

板 材
BOARD
挑 选

树皮

★ **厚实的更耐用**

　　西蕾丽蝴蝶兰的叶片比其他兰花的叶片重，建议选择较厚实的板材。这个案例中以树皮作为板材，尺寸约为10cm×25cm。

材料准备	●西蕾丽蝴蝶兰1株 ●树皮1块 ●水苔 ●麻绳 ●电钻

■ 西蕾丽蝴蝶兰的根系生长速度较慢，捆绑的线材必须过一段时间才能剪除，因此建议使用颜色近似水苔的麻绳来捆绑固定，以免影响美观。

制作步骤

(1) 在树皮上部钻1个直径2.5mm的孔备用。

(2) 轻轻挤压花盆，为西蕾丽蝴蝶兰脱盆。

(3) 用浸湿的水苔包裹植株根部，尽可能不让根系外露。

(4) 将包裹好的西蕾丽蝴蝶兰放置在树皮上，确定要固定的位置。

(5) 用麻线捆绑植株，将其固定在板材上。

(6) 确定植株不会掉落后，在板材背面将绳子系紧就完成了。

西蕾丽蝴蝶兰

拉丁名
Phalaenopsis schilleriana
生长温度
15 ~ 30℃
光照需求
半日照、散射光
湿度需求
🔹🔹🔹

　　西蕾丽蝴蝶兰为大中型蝴蝶兰，叶片呈墨绿色，表面有银色的不规则斑纹，因此又称"银斑蝴蝶兰"。它容易开花，花序可长达60cm，有的花量可达上百朵，大部分在开花后数天会有香味。由于其叶片多，且厚重、易下垂，因此特别适合板植。

▲ 不开花时，西蕾丽蝴蝶兰的叶片也具有观赏价值。

·养护秘诀·

　　只要能避开阳光直射，西蕾丽蝴蝶兰对环境的要求并不高，只需尽量保持水苔湿润即可。在春末夏初它的花期到来之前，可在水苔上施加一些肥料，这会让花量增加，香味也更浓郁。

其他创意

兰花的品种繁多，并且不断有新的品种培育出来，比如芒果蝴蝶兰和紫蝶蝴蝶兰等，这些品种都很适合板植，哪怕只是搭配简简单单的松木板和树皮，也能让人有耳目一新的感觉。

创意 1

创意 2

· 板植秘诀 ·

很多人问兰花脱盆后是否需要替换其自带的介质再进行板植。通常我们会先检查介质中是否有很多杂质，如果只是水苔，并且捏起来比较松软，就保留原本的介质，直接将其用于板植。如果需要换新的水苔，建议让部分气生根裸露出来，这样做除了能提高透气性，也可以避免水苔包裹的部分因体积过大而显得突兀，抢夺了植株的光彩。

创意 3

创意 4

创意 5

◀ 兰花有太多品种可以尝试板植，但初学者还是建议从株型较小的品种入手。

Others

｜其｜他｜植｜物｜

植物简介

许多植物具有攀缘性，有的茎可达几十米，如瀑布一般向下垂坠，有的则需要可攀附依靠的物体茎干才能直立生长。这类植物通常较耐阴，非常适合板植。可将它们挂在高处，不论是窗边还是柜子上，任其茎干慢慢生长，自然垂坠，让绿意更加有层次感。

为什么适合板植？

攀缘植物的茎叶形态优雅，板植后吊挂起来，更能突显美感，营造出轻松闲适的气息。

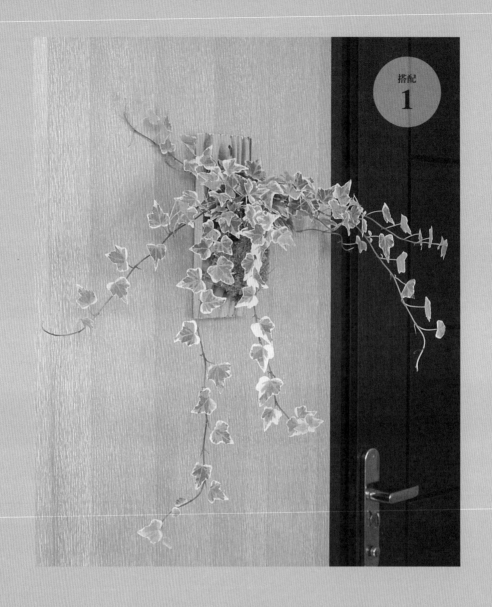

常春藤 × 熏黑的松木板

常春藤平价且易于购买，
它极具线条感的枝条和翠绿的叶片
搭配熏黑的松木板，
展现了自然风与工业风的混搭之美。

植物
PLANT
挑选

常春藤

常春藤建议挑选掉叶少且茎不太长的进行板植，这是为了让植株尽快适应板植这种栽培方式，不要让太多养分损耗在茎叶上，只有这样，日后植物才会茂密漂亮。

板材
BOARD
挑选

熏黑的松木板
★ 以裂痕少的为佳

为了打造出工业风，可参考P126的方法，试着将松木板熏黑。由于常春藤的垂枝非常长，用较短的木板搭配会更协调，让最终的作品显得更美。

材料准备	◉ 常春藤 1 株
	◉ 熏黑松木板 1 块
	◉ 水苔
	◉ 直径 0.2mm 的钓线
	◉ 直径 2.0mm 的铝线
	◉ 电钻

■ 由于最终的作品不重，因此可以使用直径 2.0mm 的铝线来制作吊环。

制作步骤

① 在熏黑的松木板上部钻1个直径2.0mm的孔备用。

② 为常春藤脱盆，将各种杂物清理干净，只保留土壤。

③ 用浸湿的水苔包裹常春藤的根部及其自带的土壤。

④ 用直径0.2 mm的钓线将水苔缠紧直至水苔不会掉落。

⑤ 继续用钓线将植株固定到木板上，确保植株不会掉落。

⑥ 用铝线穿过步骤①钻的孔并做成吊环就完成了。

常春藤

拉丁名
Hedera nepalensis
var. sinenis
生长温度
15 ~ 30℃
光照需求
散射光
湿度需求
🌢🌢🌢

常春藤是常绿攀缘灌木，茎长3 ~ 20m，有气生根。夏季，其叶片的纹路会变淡，在其他季节都非常好看。随着植株的生长，它的茎会越来越长，形成非常美丽的垂落姿态，很适合摆放在高处，装饰居室的垂直空间。常春藤耐阴，只要所处环境通风性好，哪怕光线不太充足，也能生出满满绿意。

▲ 常春藤常以吊盆栽培。

· 养护秘诀 ·

置于室内有散射光的地方，切记保持水苔湿润，缺水会导致植株的叶片干枯掉落。

积水凤梨 × 树皮

积水凤梨的叶丛中心需要有积水，就算没有太多介质也能生长。

将它与树皮搭配，放置在有散射光的地方，

就能打造出室内难得一见的自然野趣。

积水凤梨

　　市面上可供挑选的积水凤梨品种很多，可根据板材大小进行选择。此外，积水凤梨向上生长的侧芽也非常可爱，挑选已经有侧芽且形态奇特的植株进行板植，最终的作品会让人眼前一亮。另外，如果能买到直接以水苔培育的积水凤梨就更好了。

树皮
★ 以扎实无裂痕的为佳

　　积水凤梨生长一段时间后重量会大幅增加，因此挑选厚实且裂痕较少的树皮用于板植可以延长板材的使用期限。

材料准备	● 积水凤梨1株
	● 树皮1块
	● 水苔
	● 直径0.2mm的钓线
	● 直径2.5mm的铝线
	● 电钻

■ 为了避免日后植株因重量增加而掉落，建议用较粗的铝线制作吊环。

■ 由于积水凤梨对于介质需求较少，捆绑用的线材不需要太粗。

制作步骤

① 在树皮上部钻1个直径2.5mm的孔备用。

② 为积水凤梨脱盆，并清理其介质中的杂物，只留下土壤或水苔。

③ 用浸湿的水苔包裹积水凤梨的介质。

④ 将植株置于树皮上，用钓线将包裹着植株介质的水苔与树皮捆绑固定在一起，直至水苔不会散落。

⑤ 取一段铝线，将其穿过步骤①所钻的小孔，并做成吊环。

⑥ 完成。

积水凤梨

拉丁名
Neoregelia punctatissima
生长温度
15 ~ 30℃
光照需求
半日照、全日照
湿度需求
💧💧💧

　　积水凤梨是近年来备受推崇的"懒人植物"之一。它对介质没有太多要求，只要叶丛中心有积水即可。在日照充足的环境中，其叶片上的花纹会更加明显，非常好看。积水凤梨的侧芽也很独特，可对其进行分株栽种。

▲ 积水凤梨在野外常生长于树干上，所以用树皮来板植是非常合它胃口的。

·养护秘诀·

　　积水凤梨的介质要保持湿润，叶丛中心需要有积水，但请注意一定要定期清理陈旧的积水，并重新注入干净的水，以免水质恶化后导致植株腐烂。

113

粗蔓球兰 × 树皮

花朵有淡淡香味的粗蔓球兰，
固定在树皮上挂在门边，
以淡雅的香味吸引来往的人驻足欣赏。

LET'S DO IT!

植物
PLANT
挑选

粗蔓球兰

　　挑选粗蔓球兰时，首先要观察其叶片的状态，以叶片厚实无损伤的为佳。在开花初期，它的花瓣微小，花朵盛开时花瓣会往后翻，花快谢时花瓣则往前包。挑选时，尽可能选花朵初开或是盛开的植株，除了更为美观外，其香味也会比较持久。

板材
BOARD
挑选

树皮
★ **尽量挑选厚实的**

　　粗蔓球兰的成株可以生长得非常高大，更适合与大一点的树皮搭配。另外，厚实的树皮比较耐用。

> **材料准备**
> ●粗蔓球兰1株
> ●树皮1块
> ●水苔
> ●直径0.2mm的钓线
> ●直径2.0mm的铝线
> ●电钻

■ 如果不希望捆绑的线材太明显而抢夺了花朵的风采，建议使用直径0.2mm的透明钓线来固定植物。

制作步骤

① 在树皮上部钻1个直径2.0mm的孔备用。

② 为粗蔓球兰脱盆，并清理其介质中的杂物，只留下土壤和水苔。

③ 用浸湿的水苔包裹粗蔓球兰的介质。

④ 将植株放在树皮上，用钓线将包裹着植株介质的水苔与树皮固定在一起，直至水苔不会散落。

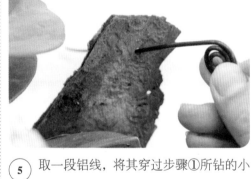

⑤ 取一段铝线，将其穿过步骤①所钻的小孔，并做成吊环。

⑥ 完成。

粗蔓球兰

拉丁名
Hoya pachyclada
生长温度
15 ~ 30℃
光照需求
半日照
湿度需求

粗蔓球兰原生于热带及亚热带地区，对光与水的要求并不高，只要有半日照和微湿的土壤就可以了。此外，对叶片喷水有利于新枝的生长。粗蔓球兰的花朵小但密集且带有香味，像极了可爱的小瓷瓶，花朵的形态在花期内极为多变，因此广受植物爱好者的喜爱。

▲ 粗蔓球兰开花的样子颇有珠圆玉润的美感。

·养护秘诀·

许多人习惯经常修剪枝条，但这并不适合粗蔓球兰，因为不论是细弱的枝条，还是已经开过花的枝条都有可能在一段时间后开出花来，倘若将其剪掉了就会影响当年的花量。

斜叶龟背竹 × 熏黑的松木板

很多人认为，斜叶龟背竹只能用花盆栽种，
但通过板植将它挂在墙上，
会让你从一个全新的角度认识它的美！

LET'S DO IT!

植物
PLANT
挑选

斜叶龟背竹

　　斜叶龟背竹在市面上比较常见，可供选择的尺寸也很多。考虑到它具有攀缘性，可挑选株型较小，并且还没有生出气生根的来板植，以免植株因过重而掉落。只需完成板植后慢慢等待它攀附扎根即可。

板材
BOARD
挑选

熏黑的松木板

★ **深色木板可突显植物的颜色**

　　这个案例中使用的是栽种在口径12cm花盆中的苗，因此选择尺寸约为10cm×20cm、厚1.5cm的松木板就已足够。事先将木板熏黑，让斜叶龟背竹的绿色能更好地被衬托出来。

材料准备

- 斜叶龟背竹1株
- 熏黑松木板1块
- 黏性营养土
- 直径2.0mm的铝线
- 电钻

■ 近年来，市面上有一种特制的黏性营养土，黏性好、可塑性佳，又具有一定的透气性，非常适合用于板植。

制作步骤

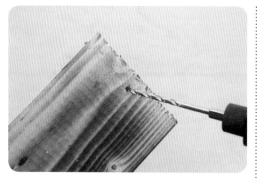

1 在松木板上部钻1个直径2.0mm的孔备用。

2 轻轻挤压花盆，将植株从盆中脱出，并去掉土壤。

3 在特制的黏性营养土中加入适量的水搅拌均匀待用。

4 用营养土包裹植株根系，再放到松木板上按压固定，确定植株不会掉落。

5 取一段铝线，穿过步骤①所钻的孔，并制成吊环。

6 完成。

斜叶龟背竹

拉丁名
Monstera obliqua
生长温度
15 ~ 30℃
光照需求
半日照、散射光
湿度需求
🌢🌢🌢🌢

　　斜叶龟背竹是天南星科龟背竹属植物，其叶片在尚幼小时就能裂化，和一般龟背竹叶片必须长到很大才能裂化不同。此外，斜叶龟背竹叶片较小，这也与一般龟背竹有非常大的差别。斜叶龟背竹耐阴、耐湿，售价较低，非常适合家居空间。不过，龟背竹的汁液有毒，注意不要让孩子或宠物误食。

▲ 斜叶龟背竹奇特的叶形让人忍不住多看几眼。

▲ 板植植物与墙上的壁画相得益彰。

·养护秘诀·

　　斜叶龟背竹在室内有散射光或室外有半日照的地方都能种植，充足的光照会让其叶片颜色变深。浇水时，建议将土团浸湿后吊挂，不要用水冲灌植株，以免土团掉落。

其他推荐

1
白金葛

　　白金葛为天南星科麒麟叶属多年生常绿藤本植物，是绿萝的一个品种。其茎具气生根，可借气生根攀附物体，非常适合板植。

　　白金葛的叶片白绿相间，相当漂亮。若它的茎生长得太长显得不美观，也可截取一节有气生根的茎进行分株。

1

2
三脉球兰

　　三脉球兰属于迷你球兰，很适合栽种在南方地区。它形状如星星的优雅花朵，虽然非常袖珍，但能散发出浓郁的香味。花期将其搬入室内，沁人心脾的香味久久不散，令人惊艳。

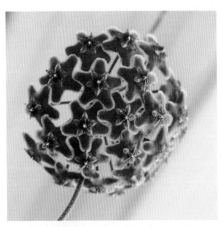

▲ 球兰种类很多，花朵呈星形蜡质，晶莹剔透。

2

3

金边心叶球兰

金边心叶球兰的枝条具有攀缘性，碰到粗糙潮湿的物体时会攀附生长，否则就蜿蜒下垂。它不喜积水，但需让介质略保湿润，非常适合板植。此外，金边心叶球兰的叶片呈爱心状，很适合作为恋人之间的礼物。

4

大绒叶凤梨

大绒叶凤梨耐旱，植株低矮，株高大多不超过20cm。它的叶片呈莲座状生长，叶面带条纹，叶缘有锯齿，极具观赏性。板植时，除了单独种植，也可搭配常春藤等枝条可垂坠的植物，营造高低错落之美。大绒叶凤梨适合栽培在半日照至全日照的环境中，但夏天要避免阳光直射，以免叶片被灼伤。

5

花叶络石

花叶络石的叶片花纹精致，叶色斑斓又柔美，嫩叶由绿、白、粉三色混杂而成，非常惊艳。它的枝条具攀缘性，线条优美，常以吊盆销售，也很适合板植后挂于墙上欣赏。花叶络石喜欢有半日照的遮阴环境，光照不足易使其枝条徒长、叶色转绿，失去观赏价值。

6

灰绿冷水花

灰绿冷水花植株低矮，叶面呈灰绿色，茎纤细且易分枝，向下垂坠的枝叶让绿意如瀑布般倾泻而下。它原生于半阴处，在室内栽培时仅靠灯光也能正常生长，阳光直射会灼伤它的叶片。夏季高温时，要保持通风，并经常对叶片喷水。

6

7

金叶过路黄

金叶过路黄较低矮，茎匍匐生长，长可达80cm。它叶色优美，观赏性高，可单独板植或与其他植物搭配设计，其明亮的金黄色叶片有绝佳的提亮效果。金叶过路黄喜爱半日照环境，若处于全日照环境，在炎热的夏季要避免阳光直射。

7

8

丝苇

丝苇原产于拉丁美洲，耐旱、耐高温，是附生型多肉植物，又称垂枝绿珊瑚。它多分枝的肉质茎呈碧绿色，多下垂生长，造型独特，展现出旺盛的生命力，很适合放置在北欧风格的空间。建议使用排水性好的介质栽种，切勿过度浇水，以免导致烂根。

8

9

串钱藤（圆叶眼树莲）

串钱藤叶形讨喜，名字吉利，爆盆时下垂的枝叶如一串串钱币，有财源滚滚的寓意。它常栽种于吊盆中悬挂欣赏，也可板植，用背景板衬托其清新亮眼的颜色。养护时以有半日照或遮阴处的环境为宜。它耐旱性佳，要等介质干透后再浇水，浇水过量会导致烂根。

10

弦月

弦月的叶为圆棒状，略弯曲，先端锐尖，叶色灰绿，表面有数条纵向斑纹，茎垂坠，是较为常见的吊盆植物。它适合有半日照且通风的环境，稍耐旱。缺水时，它的叶片会失去光泽，变得干瘪，但不宜对其喷水保湿，容易导致叶片腐烂。

11

百万心

百万心是常绿草质藤本植物，茎节常具气生根，枝条幼时挺立，生长一段时间后四散下垂，长度可达1m。叶片对生，呈心形，质地厚实，大多为绿色，有的有斑纹。百万心姿态优雅，是常见的吊盆植物，若是板植，可单独种植，也可在其上方搭配其他植物，会更有层次感。

|专|栏|

木板调色教学

　　这几年，工业风非常流行，将木板和铁艺饰品熏黑可以在打造工业风的同时，为它们增添一些复古感。熏黑的木板纹路颜色会更加明显，因此受到很多人推崇。接下来要讲解的就是如何用一些小工具熏黑木板，让板植风格更多变。

·注意事项·

　　熏黑木板的过程中会产生明火，建议在室外进行，最好准备一盆水或是几条打湿的毛巾备用，以免发生意外。操作时，不要戴手套等易燃物品。

·准备材料·

1. 板材
2. 喷灯或喷火枪
3. 打湿的毛巾

·制作步骤· ......

(1) 用喷灯炙烤，建议以小火慢慢烘烤加深木纹的颜色，切勿使用大火，以免发生意外。

(2) 熏制完成。

▲ 使用熏黑的松木板进行板植的效果。

|专|栏|

关于板植的二三事

用钉子固定线材

　　很多人在板植时喜欢用钉子辅助固定线材，让作品中用于捆绑的线材不那么明显，更加美观。但我并不推荐这种做法，因为钉子可能会给背景板带来裂痕，如果是木板这种本身就有纹路的板材，裂痕常会顺着纹路一直裂上去，大大缩短了板材的使用寿命。虽然如此，但每种方法都各有其利弊，并无绝对的好坏之分。在此，也将利用钉子辅助板植的方法分享给大家。

① 确认植株的位置后，在周边钉几个钉子。

② 将植株摆放好后，用钓线来回缠绕水苔和各个钉子。

③ 完成。

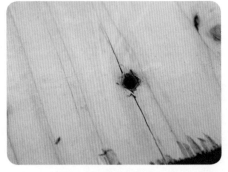

④ 钉子容易导致板材裂开，因此不得不在一段时间后更换板材。

其他捆绑方法

新手刚开始尝试板植时，可能会觉得用线材捆绑固定植物有些困难，在此提供几种实用的方式。

方法1
正反Z字形捆绑法

在板材上将线材按Z字形前后来回缠绕固定，这个方法适用于鹿角蕨等较重的植物。

方法2
平行捆绑法

适用于已事先将植物根系包成苔藓球的情况，可用线材在苔藓球上、下部平行缠绕捆绑固定。

方法3
钉子辅助捆绑法

在木板两侧各钉一个钉子，在水苔周边来回缠绕线材，不用将线材绕至木板背面，这样一来，作品会显得更美观。但钉子容易让板材渐渐裂开，要做好不定期更换板材的准备。

▲ 固定鹿角蕨时，应避免线材压到芽点。

日常养护

　　将植物固定在背景板上只是个开始，日后该怎么养护才能维持植物的美感，让它们正常生长呢？接下来要介绍几个养护技巧。

浇水

　　板植的植物大多以水苔为介质，水苔在干燥的状态下吸水速度较慢，用水壶喷水时，建议先少量喷在水苔上，等几分钟，待水苔表面吸收了水分软化后，再喷第二次，这样可以让水苔内部湿透。当然最直接的方法是将植物和背景板拿到水龙头下彻底淋湿，等不再滴水后挂回原位，这种方法也能让水苔湿透，下次浇水要等水苔快干时再进行。

◀ 水苔完全干燥时，颜色较白、重量较轻且不易吸水。

吊挂位置

　　除了少数几种植物需要高湿度，不可以放在太通风的位置外，建议将大多数植物放置在有散射光且通风的环境中，以免植株根部因湿热而受损，也可避免板材在短时间内发霉或损坏。

▲ 板植的植物通常喜欢通风、有散射光的环境。

施肥

适当施肥植物才会更漂亮、更健康，但怎么为板植的植物施肥呢？建议使用可稀释的液肥，在浇水的同时让水苔吸收，进而让植物摄取养分。在有些地方可以买到一种新型缓释肥容器，将肥料置入容器后直接插入水苔。这样一来，每次浇水时就可以释放一些养分给植物吸收。

▲ 将新型缓释肥容器插入水苔。

▲ 也可购买小袋装的肥料置于水苔上方，若是怕掉落，可以用牙签加以固定。

换板

不论何种板材都会有损耗的问题，板材的使用寿命取决于其材质等因素。此外，有的植物生长较快，当植株大过板材时，也会需要换板。

根据多年来的板植经验，除非板材破碎，否则不建议将植株取下换新板。因为大多情况下植株根系经过一段时间的生长已经牢固攀附在板材上，此时换板很可能损坏植株根系。因此建议直接在旧板材后垫上新的板材固定，这样植株不仅不会受伤，而且不用再重新适应新的板材，对植物比较有益。

◀ 植物长大后，可以在原来的背景板后面垫一块更大的新板子。

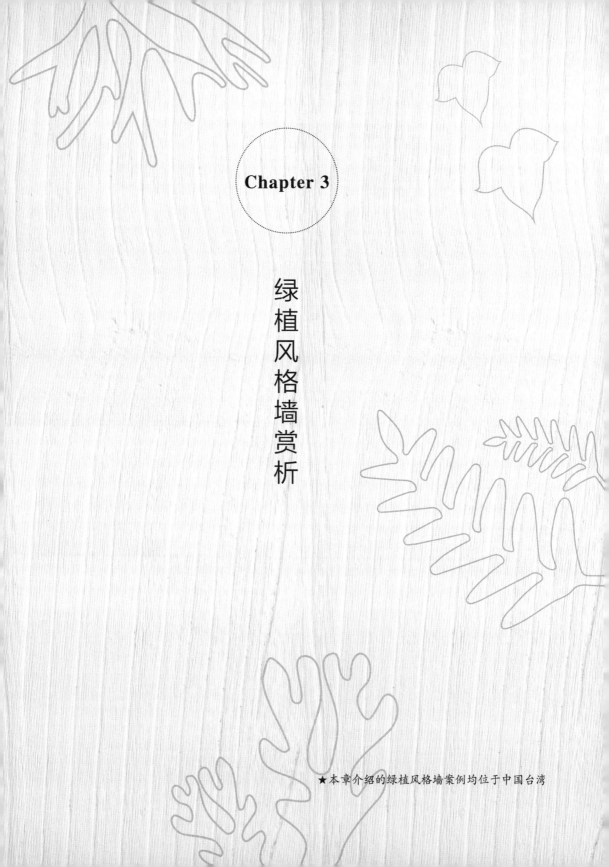

Chapter 3

绿植风格墙赏析

★本章介绍的绿植风格墙案例均位于中国台湾

商业场所
1

宠物美容中心：

打造人、植物、宠物
同乐共生的一方天地

　　这是一个犹如世外桃源般的宠物美容中心，其间环境让许多初入其内的人惊叹不已。这里的负责人介绍说，当初想把植物引入店内，是因为在这座钢筋水泥构筑的城市里拥有植物氛围的商业空间少之又少，再加上这是家宠物店，有些嗅觉敏锐的宠物进来时，会因环境中有其他宠物留下的气味而紧张，所以负责人决定把植物以更为自然的方式装饰室内，并在店里播放轻音乐，让宠物在美容的过程中更放松。

　　负责人这样轻松地说着，但眼神中流露出的，是对宠物和植物细致的观察与深厚的情感。

▲ ①爪哇鹿角蕨 ／②象耳鹿角蕨 ／③何其美鹿角蕨
3个板植的大型鹿角蕨搭配墙上的装饰性鹿头，仿佛重现了鹿角蕨的原生环境。

▲ 霸王空气凤梨披着一头波浪卷发，静静地挂在树枝上。不经意看到它，瞬间被它可爱的样子吸引住了。

▲ 店门口的落地窗内，摆放了一棵枯树，将板植的何其美鹿角蕨固定其上，再搭配几株松萝凤梨和2个鹦鹉模型，营造出惬意的雨林氛围。

▲ 墙面、柱子、天花板上都少不了植物的身影，板植的蕨类植物、空气凤梨、马尾杉等共同打造了这片被绿意包围的空间。

▲ 只要能控制好水分、光照，并保证良好的通风环境，养护鹿角蕨这类对光照要求不高的植物并不难。通过改变板植植物的顺序，还可以让墙面富于动态美。

▲ 阳光洒在屋内的古典钢琴与植物上，弹奏着优雅的自然乐章。

植物推荐

▲ 兔脚蕨

兔脚蕨对养护环境要求不高，只要别让介质干透，不让它受到阳光直射即可。随着时间的推移，兔脚蕨会展现出非常自然的附生风貌，对店里的环境适应得非常好。

▼ 何其美鹿角蕨

何其美鹿角蕨是这家店的负责人最爱的板植植物，它对称的孢子叶、完整不易破碎的营养叶都是极佳的看点。

▲ 斜叶龟背竹

斜叶龟背竹的叶面布满大小不一的洞，非常有特色。它养护起来比较容易，是店里接下来准备用于板植的植物之一。

·养护秘诀·

1.对光照需求高的植物，可以趁有阳光时拿到店外晒晒太阳，也让店外的展示架上经常有不同的植物，让路过之人每次走过都能欣赏不同的风景。

2.做好安排，每日傍晚为植物轮流浇水，待沥干后再收入室内。

在植物园里喝咖啡：
一场人与植物的深度对话

　　循着咖啡香来到一家可以与植物深度对话的咖啡店。在这里你可以一边细细品尝手里的咖啡，一边看着老板打理他所爱的植物。这里的氛围会让你沉醉，老板也会不藏私心地解答你对植物的一切疑问。如果你和哪个植物看对了眼，不仅可以欣赏它，还能带它回家，让家里也变得自然、惬意。

　　店老板说："欢迎大家常来坐坐，墙上的植物经常更换，会让你每次来都有不同的视觉感受。"

▲ 在墙面上挂一个大型黑色网状铁架，这样可以弹性调整植物位置，让墙面富于变化。

▼ 店内的另一面墙上挂满了各式鹿角蕨，它们茁壮生长，让人爱不释手。

▲ 复古的红砖墙搭配树皮和植物，充满怀旧感。

▲ 空气凤梨搭配沉木、树皮都很不错。这株长茎型空气凤梨的叶片硬挺，枝条有型，颜色偏白，耐晒也耐旱，生长速度较快。

▼这株是栎叶槲蕨，它会于冬季休眠，春季再苏醒过来长出新叶，其能育叶很大，极具观赏价值。它适合没有阳光直射的通风环境，介质不可过湿，以免损伤植株。

▲ 马尾杉形态优雅，幼茎直立生长，老茎下垂，长25～54cm，有时可达1m。它喜欢湿度高的环境，而且介质必须透气。可以经常为其叶片喷水，避免叶片干枯。

▲ 硬叶槲蕨喜欢通风、有明亮散射光的环境，夏天两三天浇一次水，冬季减少浇水频率。

植物推荐

▼ 细叶皇冠鹿角蕨

皇冠鹿角蕨的孢子叶形态多变，但要说到分叉多又有飘逸感的，还属这个细叶品种，它的生长过程中充满了惊喜，让人倍加期待。这个案例中使用的树皮尺寸约为23cm×15cm，植株完全展开的尺寸约为50cm×40cm。

▲ 象耳鹿角蕨

人人都爱的象耳鹿角蕨，虽然养护上没有什么难度，但要把它养大、养漂亮，也是一门学问。它的营养叶及孢子叶在不同季节交替生长，成株叶子上的脉络观赏性极佳。

◀ 柠檬鹿角蕨

柠檬鹿角蕨的叶色和立叶姿态非常吸引人，它的生长速度缓慢，让人不知不觉中也放慢生活的节奏。

放松酒吧：
分享植物、美酒与音乐的空间

　　放松酒吧入口处左墙中央的壮丽鹿角蕨已有2m高，极为吸引眼球，它与多种鹿角蕨、空气凤梨、马尾杉等植物搭配在一起。

　　这个小酒吧的特别之处在于你感觉不到喧闹。听着优雅的音乐，来杯酒，欣赏冰冷的仿清水混凝土墙面上挂着的一株株板植植物，试着放空自己的大脑。在这里不需要多话，只用单纯地品味着眼前的一切，不管是酒、植物还是自己心里所想。如果想找人聊聊天，帅气的老板会很热情地分享他爱的那些酒、植物，还有他所拥有的空间。

▲ 柠檬鹿角蕨的特色是孢子叶细长，且叶面有厚厚的茸毛。

▲ 这株鹿角蕨是经典而美丽的杂交品种，它既继承了立叶鹿角蕨的白色茸毛，又有爪哇鹿角蕨飘逸的叶形，非常迷人。

▲ 鹿角蕨'霍恩的惊喜'长了很多侧芽，将3个侧芽取下来栽种在长条状的松木板上，格外可爱。

▲鹿角蕨高冷的姿态吸引着来访的客人。走一趟，喝一杯，你会听到许多与鹿角蕨相关的故事。

▲仿清水混凝土墙上的板植植物，美得就像一幅画。

▲音乐和绿色植物让来访者在喧闹的城市中找到属于自己的休憩地。

▲挂于墙面的植物让本有些单调的空间有了焦点。

▲驻足于绿植墙边，暂时忘了时间，让心沉静下来。

▲许多人好奇这布满一面墙的植物该怎么浇水。其实很简单，爬上梯子用水管一株株浇就可以了，虽然要花费0.5～1小时，但店主显然乐此不疲。

▶爪哇鹿角蕨是很流行的品种，它美丽修长的孢子叶优雅万分。

▲ 亚洲猴脑鹿角蕨。板植时考虑到以后植株营养叶的生长，用水苔将营养叶填充得饱满、圆润会更好。将两根钉子钉在植物两侧，再利用棉线上下缠绕固定就完成了。

▲ 炙烤熏黑过的南方松木板搭配立叶鹿角蕨。

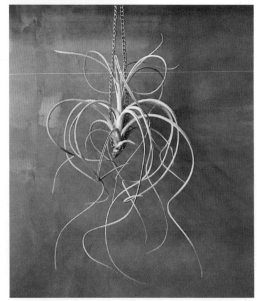

▲ 空气凤梨'喷泉'叶片窄而细长，线条优美，状似喷泉，秋季可以开出紫色花朵。

植物推荐

▲ **女王鹿角蕨**

　　株高1.4m的女王鹿角蕨种植在入口处的中央，形成了绝佳的视觉焦点。

▲ **蓝石杉**

　　蓝石杉是一种蕨类植物，叶片呈银绿色，枝条结实粗壮，在有遮光罩的环境下生长良好。每天都要为叶片喷水，并保持介质长期湿润。

▲ **霸王空气凤梨**

　　霸王空气凤梨叶片厚实、耐旱，直接吊挂或板植的效果都很不错。它生长速度不快，花期大多在冬季。

· **板植秘诀** ·

　　用喷灯炙烤杉木板，让木板的纹路更加明显，增强木板的质感与个性。

民宿"同·居"：
用植物点缀风华老宅

　　2014年的春天，这家民宿的老板还在寻找适合改造为小旅馆的空间，因为一个偶然的机会遇到位于高雄市的这栋老房子，并且决定保留其整体风格，只做必要的翻修，为走过了半个世纪的风华老宅赋予新生。

　　旅人来此，最重要的目的是放松、休憩，为此，老板想到了引入植物的方法，

而最方便的就是可吊挂的植物，因为它们可以随意变换位置。目前老宅中已经栽种了很多蕨类植物、蝴蝶兰、积水凤梨等，其中最多的是鹿角蕨，其品种繁多，形态差异大，既可以当主角也能担任配角。背景板以木板为主，它们和老屋的风格最搭，无论挂在铁窗上还是水泥墙上都很自然。此外，以木框、树皮为背景板效果也不赖。

▲ ①皇冠鹿角蕨／②积水凤梨／③柠檬鹿角蕨

围墙内侧以板植的方式栽种了鹿角蕨、檞蕨、巢蕨、兔脚蕨、反光蓝蕨、积水凤梨、球兰、蝴蝶兰、波士顿蕨、丝苇等，让院内更具自然清新之感。

▲ 这株鹿角蕨搭配的背景板是木框和黑色塑料网，板植时还特意改变了木板的悬挂角度，让最终的作品显得与众不同。

▲ 这面墙光照良好，千万不要浪费。用颜色较亮的板材，高低错落地安排植物，需要浇水时，直接用水管浇淋即可。有了植物点缀，旅客在品味台式老宅的同时，也能更放松。

▲ ①爪哇鹿角蕨／②皇冠鹿角蕨／③爪哇鹿角蕨

第一件作品是用的蛇木板加上木质外框，增加了背景板的观赏性；第二件作品的板材外刷了油漆，除了美观外，还可稍稍延缓木头腐坏的时间。如时间允许，建议将这些植物拿下来一个个浇水，确保浇透。

◀ ①蝴蝶兰／②女王鹿角蕨／③亚洲猴脑鹿角蕨

阳光充足的铁窗处无疑是植物最佳的栽培地点。用一根树枝打破铁窗的固有格局，创意十足。

· 板植秘诀 ·

1.板植时最常用钓线来固定植株，因为钓线最耐用，可确保植物在还没有完全攀附住板材时或太重的情况下不至于掉落。

2.初期若觉得钓线较滑不好操作，可搭配弹力线使用。但时间久了弹力线会因失去弹力而断裂，植物若未攀附固定好就有掉落的风险。

◀ 钓线耐用，几近透明，多缠绕几圈也不容易看出来。

遮阳棚下 & 屋外围墙：
被植物包围的绿色家园

图片 / 王文忠

相关信息

栽培场所：车库、遮阳棚下、铁窗、围墙

环境描述：郊区迎风面，常有雾气

　　充分利用家里的车库、阳台、遮阳棚、围墙、铁窗、楼梯转角等地方，只要觉得适合植物生长，就能想到办法将植物挤进去。这家主人于2003年前后爱上鹿角蕨，一开始是被亚洲猴脑鹿角蕨漂亮的孢子叶吸引，后来渐渐发现各品种都有其特色。现在其家中板植最多的植物就是鹿角蕨，包括18种原生种鹿角蕨，其中安第斯鹿角蕨、何其美鹿角蕨、爪哇鹿角蕨是屋主最喜欢的品种。此外，屋主还在陆续物色新的杂交品种，其中不乏极难寻得的品种，期待他能够早日如愿。屋主比较喜欢用蛇木板和软木板进行板植，这两种板材坚固好用，适合安装挂钩，方便平面吊挂。其实只要能暂时固定鹿角蕨，让其自然攀附于支撑物，它在石墙、树干等地都可以顺利生长，让家中更具自然野趣。

◀ 将鹿角蕨的成株挂在墙上,幼株挂在铁窗上,充分利用空间。

▲ ①三角鹿角蕨／②立叶鹿角蕨／③象耳鹿角蕨×非洲圆盾鹿角蕨／④侏儒皇冠鹿角蕨／⑤象耳鹿角蕨×爱丽丝鹿角蕨／⑥亚皇鹿角蕨／⑦爪银鹿角蕨／⑧爪哇鹿角蕨
用于隔挡的围墙上,因为有了植物而富有生命力。

▲ ①皇冠鹿角蕨／②何其美鹿角蕨／③爪哇鹿角蕨×二歧鹿角蕨／④女王鹿角蕨／⑤圆盾鹿角蕨
铁皮屋的铁窗因为有了植物而显得生机勃勃。

◀ 铁窗是最方便用来挂植物的地方。选择通风、明亮且太阳直射时间不长的那面铁窗挂鹿角蕨，它们就会长得又快又健康。按大小分层吊挂可以尽可能多地容纳植株，如果将来鹿角蕨长大了，也可以轻易调整它们的位置。

▲ 四叉鹿角蕨 × 非洲圆盾鹿角蕨

　　这株鹿角蕨种植了3年，它的孢子叶挺立，叶片细长，外展幅度大，叶缘有明显的波浪，颜色偏深。这个品种很容易养护，适合初学者练习板植。

◀ 爪哇鹿角蕨

　　爪哇鹿角蕨秋、冬长孢子叶，春、夏长营养叶，冬季会短暂休眠，春天复苏生长。其叶片宽阔，叶形层次分明，叶面有白色茸毛。这件作品中的背景板使用的是栓木树皮。

·板植秘诀·

　　板材要适合植株，如果单块板材太小可以用铝线将几块拼接起来。棉线、钓线，甚至是钉枪等都可以用来固定板植的植株。

家居空间
2

阳台:

生机盎然的绿植墙

图片 / 高炳煌

相关信息
栽培场所:阳台及阳台下的
墙面
环境描述:朝向西北的阳台,
夏天最高温可达40℃

　　这家主人一直以来以橡胶植草格为板材,这种板材价格便宜,而且透气耐用,唯需定制或自行剪裁成合适的大小。另外,还需使用孔径约1cm的黑网平铺在植草格后方,以防止介质掉落。除了鹿角蕨,空气凤梨、槲蕨、石斛兰等植物也穿插出现在墙面上。

　　给新手的建议:从栽种在花盆口径为10~20cm的鹿角蕨开始,这个尺寸的植株情况稳定且生长速度快。养护时,主要要学习判断浇水的时机,用手触摸介质,尽量维持介质微湿又不过于潮湿。如果干过头了,可以通过浸泡让它恢复湿润。

▲ 把石斛种在植草格上，期待其日后的表现。

▲ 这株皇冠鹿角蕨是屋主买的第二株鹿角蕨，孢子叶分叉多且长。皇冠鹿角蕨个体间的差异不小，不同产地的品种间更是有所不同，是很值得赏玩的一种鹿角蕨。

▶ 照料鹿角蕨的同时观察它们的变化，这个过程非常具有治愈性。

▲ ①亚皇鹿角蕨 / ②非洲圆盾鹿角蕨 × 亚洲猴脑鹿
角蕨 / ③爪哇鹿角蕨

▲ ①圆盾鹿角蕨'马达加斯加' / ②象耳鹿角蕨

▶ 阳台的墙面上也有6株帅气的鹿角蕨。

▲ 爪哇鹿角蕨

相较于其他品种，爪哇鹿角蕨的形态多变、颜色独特、易于养护，很受欢迎。其营养叶老化后会自然枯黄，有时叶片干枯让叶脉突显出来，甚为美丽。

▲ 二歧鹿角蕨

这株鹿角蕨最初购入时还是小苗，随着时间的推移慢慢长大，现在成了屋主最喜欢的鹿角蕨之一。市面上贩卖的鹿角蕨小苗多是用孢子人工培育的，有的是与不同品种的鹿角蕨杂交而成的，表现力极强。种植的过程也乐趣十足。

◀ 槲蕨

野生的槲蕨常附生于树干或岩石上，不育叶初生时为绿色，之后会变为枯棕色，极具观赏性。可以用少量水苔与椰壳碎片混合为介质，将槲蕨栽种在植草格上，非常美观。

阳台 & 室内墙面：

用植物打造手作墙

图片 / 米朵开门吴彩云

相关信息

栽培场所 : 阳台、室内的墙面

环境描述 : 落地窗保证了充足的光照和良好的通风

　　这家主人热爱园艺，喜欢收集杂货、老物件，多年前开始玩多肉植物时就在尝试不同的种植方式，这两年开始将多肉植物种植在木板、漂流木、酒瓶等处，发现它们的生长情况都还不错，并不会比在花盆里养得差。除了多肉植物，蕨类植物也很适合板植。屋主并不追求高贵而精致的板材，反而喜欢有岁月痕迹的木板，认为它们可以将植物衬托得更自然。

　　以木质老物件为背景板搭配鹿角蕨、兔脚蕨、巢蕨等植物，并用它们装饰一整面墙。蕨类植物种在室内一定要注意通风，要等介质干了再浇水，最好的浇水时间为黄昏时分。

▲ 用老旧的松木托盘搭配二歧鹿角蕨，固定植物时可用钉子辅助缠绕线材。

▲ 为回收的栈板打造做旧效果，印上字母图案，再将素烧陶盆切半、做旧后栽种多肉植物，并将栽有植物的陶盆固定在背景板上。

▲ 将木板切割成条状并制成木框，在其中植入鹿角蕨，以树皮和水苔为介质，最后用钓线辅助固定。

◀ 用水苔包覆多肉植物的根部，并用钉子和铝线将其固定在树干切块上，最后以漂流木与咕咾石装饰，让作品的观赏价值大大提升。

▲ 这株是爱丽斯象耳鹿角蕨。

▲ 多肉植物的组合盆栽非常盛行，除了使用盆器，立体化的组合方式也很受欢迎。

▲ 背景板具有极大的创作空间，刷漆、拼贴、彩绘，发挥你的创造力，打造独一无二的板植作品。

· 板植秘诀 ·

以创意黏性营养土为介质。这是屋主自己调配的创意黏性营养土，里面添加了天然植物粉，让土更具黏性，同时又加入了颗粒土以兼顾透气性和排水性。这种营养土特别适合用作多肉植物的板植介质。它黏性好，可以直接粘在背景板上，稳固不易掉落，而良好的排水性则保证了多肉植物不会烂根。

家居空间
4

露台：
居家花墙非难事
图片／吴雨谦

相关信息
栽培场所：顶楼露台
环境描述：东、西面有墙，
南、北面无遮蔽物，顶部黑网
有一定的遮阴效果

兜唇石斛春季花开如瀑，夏季翠绿如帘，深受广大花友喜爱，但与之搭配的蛇木板却越来越昂贵，并且品质良莠不齐。恰巧这家主人特别喜爱都兜唇石斛，于是自己研制了一种蜂格板来代替蛇木板。

这种特制的蜂格板以塑料（聚丙烯）为原材料，其中添加了防紫外线剂，以增强耐用性。板材内部填充了专门为兰花配制的介质，既能保湿保肥，又具排水性。另有空板材可依植株需求，自行调配介质填充。

除了兰花之外，鹿角蕨和景天科的多肉植物在这种蜂格板上也有很好的表现。

▶ 顶楼露台搭建了黑网遮阴，让光照条件更适合鹿角蕨生长。对鹿角蕨进行板植时，一定要确定植株的生长方向，以确保其日后能展现正常的形态。

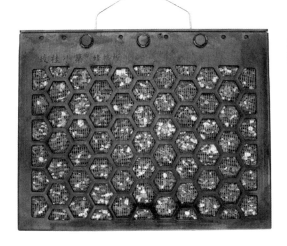

▲ 特制蜂格板。

▲ 此处通风良好，上午10点前有阳光直射，之后就再没有了，很适合鹿角蕨等植物。

◀ ①亚皇鹿角蕨/
②爪哇鹿角蕨/
③狐尾兰（海南钻
缘兰）
老旧的桧木窗框
增添了植株的风
采，简约雅致。

◀ ①黄金石斛兰/
②皇冠鹿角蕨
在居家空间里，只
要有位置能吊挂，
通风好，光照适
宜，附生植物就能
年年花开，四季保
持翠绿。

·养护秘诀·

1.薄肥勤施。养兰花的关键是薄肥勤施，建议将
装有颗粒肥的网袋放在板材上方，这样每次浇水时都
能为植株补充养分，省时又不怕忘记。

2.保持环境通风。一个地方，如果人站着不动也能
感到有风吹拂才算通风。某一空间即使开着窗，但空
气不流通，就不够通风，植株根部就容易受损。

▲ **聚石斛**

聚石斛喜欢通风的半日照环境，花期为每年4月，花朵能维持一周左右。4—11月两天浇一次水，其他时间要控水。

▲ **狐尾兰**

狐尾兰对介质的排水性要求高，在通风良好且有适当遮阴的半日照环境中一两天浇一次水，花期为每年2月，花朵能维持一个月左右，且具有浓香。

▲ **景天科多肉植物**

多肉植物的介质为水苔和颗粒土。在通风的全日照环境中，可每周为其浇一次水，每月喷液肥。

▲ **兜唇石斛**

兜唇石斛适合栽培于通风的半日照环境中。4—11月一两天浇一次水，其他时间控水。每年春末抽生枝条，冬季落叶，花期为每年4月，花期不长，两周左右。

家居空间
5

玻璃花房：
蕨类植物小秘境

图片 / Amanda Shih

相关信息
栽培场所：在厨房后方搭建的
玻璃花房
环境描述：有散射光，通风
良好

　　这家女主人在二楼阳台栽种了很多多肉植物，看到植物在自己的照顾之下慢慢成长，会有满满的成就感。

　　2019年年底，夫妻俩想到利用厨房后方的空间来做绿植美化，让用餐环境更舒适怡人。由于男主人很喜欢热带风格，所以两人开始在家中种植鹿角蕨、波士顿蕨等蕨类植物，夫妻俩最喜欢南方松木板清晰的纹路和自然的质感，有些较小的植株还是搭配的蛇木板。两人还在研究如何打造小瀑布和鱼池，希望这块空间更显生机。

▲ 这是产自中国台湾的石斛，它的特色是阳光越少，叶片越绿，平时只需散射光。

▲ 刚刚建成的鱼池让这个空间更具热带雨林风格。

▲ 这里的植物可分为3个层次，挂在天棚上的是吊盆植物，墙面上层挂的是较大型的植株，墙面下层则是兰花、空气凤梨和鹿角蕨的幼苗。

▲ 这株是亚皇鹿角蕨，叶形极具观赏性。它易于照顾，是非常适合新手的品种之一。

▲ 女王鹿角蕨。

▲ 期待亚洲猴脑鹿角蕨将来营养叶生得圆润、美丽的模样。

▲ 将蓝石杉高高挂起，让它们均匀地接受光照。风吹来时它们飘逸的姿态看着十分舒心。浇水时要将植株取下来。

▼ 壮丽鹿角蕨

购买这株鹿角蕨时，老板建议先不换板，现在它的营养叶已经渐渐生长到了蛇木板后面的南方松木板上，看来它对环境适应得很好。

▲ 爪哇鹿角蕨

爪哇鹿角蕨的主要特色是叶面有白毛，这个作品直接将植株原生花盆挂在南方松木板上，介质是用水苔、椰壳碎片和树皮配制成的。

◀ 何其美鹿角蕨

何其美鹿角蕨散发着一股霸气，用南方松木板进行板植并挂于墙上，浇水时得爬上梯子浇。观察水苔的湿度可以确定浇水的最佳时机。

阳台：
把丛林风格带回家

图片 / Amjad Chang

相关信息
栽培场所：阳台
环境描述：阳台面向东南方，
夏季有散射光，冬季有阳光
直射

　　屋主2015年开始接触板植，希望通过板植模拟植物的原生环境。目前家中种的最多的是鹿角蕨，此外，还有蓝石杉、鱼尾星蕨、空气凤梨等植物。板植的介质会依照不同植物的需求来配制；背板则以树皮斜向固定为主。考虑到大多鹿角蕨原生于树上，屋主想通过树皮将丛林氛围带到家中。

　　由于板植植物都置于阳台两侧，因此需要定期给它们换位置，让植物能获得全方位的光照，阳台每个月都会呈现出不同的样貌。夏天，屋主特意在阳台加装了电扇帮助散热。浇水频率为夏天约一周两次，冬天一周一次，不同品种浇水频率略有不同。

▲ 这株二歧鹿角蕨是屋主的第一株鹿角蕨，它不用费心照顾也长得很好。板植之初将蛇木板裁成圆形让作品更美观。

◀ 圆叶亚洲猴脑鹿角蕨承袭了猴脑鹿角蕨叶片的美感，外层胞子叶比较宽。

◀ 这是非洲猴脑鹿角蕨与象耳鹿角蕨的杂交品种，拥有纹理清晰的营养叶与大片孢子叶，喜欢阴凉的环境。背景板是原生树皮，介质为水苔包覆木块。

▲ 屋主从养鹿角蕨开始到现在搬了4次家，每次搬家都很怕植物受伤。几年来，阳台面积与鹿角蕨的数量都有所增加。

▲ 象耳鹿角蕨

这是屋主最喜欢的鹿角蕨，它上扬四散又略显飘逸的营养叶硕大，却又让人感到轻巧。

▲ 巨兽鹿角蕨

这株壮丽鹿角蕨还是幼苗，全身茸毛在阳光下闪闪发光，就像是一头雄伟的巨鹿正在茁壮成长。

◄ 爪哇鹿角蕨

爪哇鹿角蕨又称蝴蝶鹿角蕨，它呈辐射状展开的叶片很是迷人。很多人说这个品种会于冬季休眠，甚至一觉不醒，屋主对此很担心，整个冬天都将其小心地放在室内靠窗的位置。好在这只飞舞的蝴蝶似乎没有睡着，到了春天便翩翩起舞！

围墙&阳台：
蕨类植物共生的植物墙

图片 / 陈劲璋（Jacky Chen）

相关信息

栽培场所：花园的鸡蛋花树下，围墙与阳台上

环境描述：有西晒，夏季多雨、闷热，冬季温度偶尔低于10℃

　　2014年朋友送给屋主一株二歧鹿角蕨的侧芽，这株小苗居然比其他许多植物都更适应家中的环境，于是，屋主开始了种植鹿角蕨等蕨类植物的旅程。在18种原生品种中，屋主最喜欢的是亚洲猴脑鹿角蕨。它的外形最像鹿角，营养叶脉络分明，孢子叶具有不同的形态，宽叶、细叶、圆叶等各具不同的美感。

　　新手建议先从二歧鹿角蕨、爪哇鹿角蕨等较易养护的品种开始，积累种植经验。然后再了解各原生品种对环境的需求，从中选择适合自家环境的品种来种植，这样种植的成功率及获得的成就感会更高。除了鹿角蕨，槲蕨、领带兰、粗蔓球兰等植物美感各有不同，也很适合板植。

▲ ①壮丽鹿角蕨/②超大鹿角蕨 × 三角鹿角蕨/③安第斯鹿角蕨 × 象耳鹿角蕨/④亚洲猴脑鹿角蕨/⑤鹿角蕨'百鹰'

背景板多为塑料栈板及蛇木板，介质则是将水苔、树皮（或椰壳碎片）按植物需求配制而成的。

▲ 背景板上貌似干枯了的棕色叶片其实是槲蕨的不育叶，纹路甚美。

▲ 缀化柳叶蕨的羽状复叶华丽而优雅。

▲ 粗蔓球兰。球兰种类很多，它们并非兰科植物，而是萝藦科的攀缘灌木，很适合板植。

▲ 连珠蕨（下）及槭叶石韦（上）合植在一块背景板上。

· 板植秘诀 ·

　　1. 使用塑料栈板。用塑料栈板代替木板不用担心背景板腐烂的问题，且尺寸统一。但由于塑料栈板不易取得，也可以用植草格代替。

　　2. 配置介质。板植的鹿角蕨的介质以水苔、树皮或椰壳碎片为主，建议不要让其长时间过湿，可以偶尔偏干。配制时可以根据植株需求和环境条件对材料进行增减，例如若是栽种在露天多雨的环境中，则应适当降低水苔的比重，将树皮或椰壳碎片的比重提高，以增强排水性。

　　3. 选择适合的栽培环境。鹿角蕨所需的光照因品种而异，但以散射光和半日照为主，有些品种经驯化亦可适应全日照。种植环境要保持通风，湿度建议在60%以上，合适的生长温度为15～30℃。建议根据不同鹿角蕨品种的原生环境进行调整。

▲ **亚皇鹿角蕨**

　　该品种继承了亚洲猴脑鹿角蕨的特色，生长速度比亚洲猴脑鹿角蕨更快，培育起来颇有成就感。

▲ **女王鹿角蕨 × 皇冠鹿角蕨**

　　该品种是泰国育种家培育出来的园艺品种。

▲ **宽叶亚洲猴脑鹿角蕨**

　　这个品种也是由泰国育种家培育出来的优质园艺品种。

▲ **深绿鹿角蕨'巴拿马'**

　　有别于一般的深绿鹿角蕨，'巴拿马'的叶尾呈钝状且鲜少分叉，辨识度颇高。

阳台：
与自然共生的北欧风格墙

图片／谢棨宥

家居空间 **8**

相关信息
栽培场所：阳台墙面
环境描述：坐南朝北，每天有两小时左右的西晒

这家主人的父母非常喜爱植物，在家庭的影响下，他也爱上了充满生命力的花花草草。2016年，屋主偶然见到鹿角蕨，从此与鹿角蕨结缘，此外，其家中也栽培了一些与鹿角蕨生长条件接近的蕨类植物和空气凤梨。挑选背景板时要注意板材的厚度，不要购买太薄或易裂的材料；板植时，要注意水苔有没有压紧，如果没有压紧，植物会无法生根，影响后续生长。

屋主最喜欢女王鹿角蕨和壮丽鹿角蕨。女王鹿角蕨的孢子叶可超过2m长，非常霸气；壮丽鹿角蕨则宛如一只雄狮，散发着一种骄傲的气质。在略微有些日照的环境中，鹿角蕨的"鹿角"（孢子叶）会更为挺拔，环境一定要通风，此外，要等水苔干了再浇水。

▲ **女王鹿角蕨**

　　这株女王鹿角蕨的孢子叶在两年内已经长到了约50cm高，目前仍在快速生长中。一周浇两次水，冬天减少频率，平时施长效肥，两周施一次液肥。

▲ **皇冠鹿角蕨**

　　这株皇冠鹿角蕨入手了将近一年，刚买时全长约90cm，现在约130cm。背景板为松木板，以水苔为介质。一周浇两次水，冬天减少频率，两周施一次肥。

▲ **壮丽鹿角蕨**

　　这株壮丽鹿角蕨刚买回来时没有营养叶，很丑，经过长时间养护，现在营养叶和孢子叶都很漂亮，像一只帅气的雄狮。

◀ 在白色的墙面上用大量木板和植物来装饰，营造出北欧风格。靠在座椅上读一本书，品一杯咖啡，自得其乐。

露台＆遮阳棚下：
蕨类植物迷的异想世界

图片／张仲恩

相关信息

栽培场所：三楼露台和一楼遮阳棚下

环境描述：露台朝向西南方，下午有西晒

　　这家主人每当心情不好就想远离尘嚣，往山上跑，借山林间的植物疗愈身心，尤其喜爱蕨类植物，也时常感叹平时在城市中难以接触到它们。后来在朋友家看到鹿角蕨，才发现原来蕨类植物也可以在城市里长得这么好，于是便开始潜心研究，希望打造一座布满蕨类植物的空间。

　　屋主环顾家里的环境，觉得西南朝向的露台的一整面墙最适合作为蕨类植物的生长基地，但由于不想在墙面打孔，便突发奇想利用吊竿用麻绳编了一张网，把板植的蕨类植物吊挂上去，效果颇佳，也方便随时更换植物的位置。另一面墙上则有板植的蓝石杉、兔脚蕨、空气凤梨等，吊挂的方式让植物的形态更优美。除了板植的蕨类植物，家中也有许多蕨类植物盆栽，而露台上的植物数量还在日益增加中。

▲ 毛茸茸的兔脚蕨很适合吊挂起来，但因其不喜欢强烈的阳光，而且需要湿度高的环境，所以尤其要注意吊挂的位置。

▲ 用麻绳网兜来吊挂板植植物，在节省空间的同时，也带来别样的乐趣。

◀ 铁线蕨的背景板是桧木板，粗麻绳更添自然氛围。

▲ 木质网格屏风上挂了板植的空气凤梨和蕨类植物。

▲ 马尾杉搭配麻绳，以及尺寸约60cm×80cm的松木切片，别有一番风味。

▲ 屋主特别喜欢叶片带茸毛的鹿角蕨。这个作品中使用的板材是树皮，介质是水苔，以钓线进行捆绑固定。

▲ 屋主一楼的店铺门口悬挂了蓝石杉、兔脚蕨、亚皇鹿角蕨、亚洲猴脑鹿角蕨、缀化柳叶蕨与空气凤梨。

· 板 植 秘 诀 ·

　　尽量使用树皮等天然素材进行板植，这样可以打造出与蕨类植物的原生环境相似的感觉。介质以水苔为主，时间久了，水苔表面也会渐渐变绿，让作品显得更为自然。

阳台：
令人迷醉的阳台小森林

图片 / 微醺记忆

相关信息
栽培场所：阳台墙面、铁窗
环境描述：坐南朝北，无全日照，无西晒

　　屋主最初只在阳台上养多肉植物，因为它们的品种多，形态都很可爱，所以越养越多。之后因为想继续为阳台增加绿意，再加上阳台日照并不充足，于是开始研究空气凤梨和蕨类植物，结果不小心被它们深深吸引，阳台上也慢慢增添了它们的身影。

　　空气凤梨和蕨类植物比较适合吊挂，其中有些株型较大、装饰性强的，如壮丽鹿角蕨、槲蕨、霸王空气凤梨等很适合用来造景。鹿角蕨适合与木板或者木框加铁丝网的组合搭配，而空气凤梨则和沉木很搭，不论是吊挂还是做摆饰效果都非常好。

▲ 以铁网木框和窗框为背景打造出来的场景，铁网木框上的是阿福鹿角蕨。

◀ 任由二歧鹿角
蕨在木板上自由
生长，展现出最
美的姿态。

▲ 空气凤梨'扁担西施'。

▲ 高低错落布置的植物让场景更富层次感。　　　▲ 槲蕨优雅的枝条，有柔化画面的效果。

◀ 鹿角蕨的嫩
叶十分可爱。

▲ 反光蓝蕨

利用铁网收纳篮来种植蕨类植物，透气又美观。

▲ 亚皇鹿角蕨

在已经被营养叶包覆的木板后面添加一个铁网木框，除了方便外，也增加了层次感。

▲ 巢蕨

· 板植秘诀 ·

运用沉木。空气凤梨与沉木可以说是绝配，不管是将空气凤梨固定到沉木上吊挂起来，还是简单地摆放其上，效果都很好。

图书在版编目（CIP）数据

绿植风格墙：用板植打造壁面花园 / 花草游戏编辑部, 苔哥著. —武汉：湖北科学技术出版社, 2021.7
ISBN 978-7-5706-1538-4

Ⅰ.①绿…　Ⅱ.①花…　②苔…　Ⅲ.①观赏植物—观赏园艺　Ⅳ.①S68

中国版本图书馆CIP数据核字(2021)第108485号

绿植风格墙：用板植打造壁面花园
LÜZHI FENGGE QIANG: YONG BANZHI DAZAO BIMIAN HUAYUAN

责任编辑：魏　珩

美术编辑：胡　博

出版发行：湖北科学技术出版社
地　　址：武汉市雄楚大街268号出版文化城B座13—14楼
邮　　编：430070
电　　话：027-87679468
网　　址：www.hbstp.com.cn
印　　刷：武汉市金港彩印有限公司
邮　　编：430015
开　　本：787×1000　1/16　12印张
版　　次：2021年7月第1版
印　　次：2021年7月第1次印刷
字　　数：180千字
定　　价：78.00元

（本书如有印装问题，可找本社市场部更换）

更多园艺好书，关注绿手指园艺家

解锁绿植新玩法，
用苔玉打造悬于空中的室内花园。

五大类型生态瓶赏析与制作，
教你在家轻松打造小森林。

遵循自然节律，
打造健康、低维护的有机花园。

超实用的园艺搭配宝典，零基础玩
转色彩，get花园设计师必备技能。

更多园艺好书，关注绿手指园艺家

探索生活中的自然野趣，
用植物重建空间之美。

让花艺融入你的日常生活，
用花抚慰你的每一天。

花艺大师插花技巧大公开，
手把手教你用常见花材营造大师风范。

跟随生活艺术家布置空间，
愿你的生活总有百花盛开。